北水ブックス

海をまるごとサイエンス
～水産科学の世界へようこそ～

海に魅せられた北大の研究者たち 著

KAIBUNDO

目　次

第 1 章　海に棲む哺乳類に会いにいこう 4
第 2 章　叫びたくなるサケの凄技！：母川刷込の解明を目指す 17
第 3 章　諸事情により海に下らないサケ・マス 30
第 4 章　殖えない魚を殖やしたい：難種苗生産魚種への挑戦 42
第 5 章　水中で身体測定：画像処理技術で魚の成長を把握する 55
第 6 章　動物が好きな人へ：行動生態学をヤドカリで紹介する 66
第 7 章　海面の凸凹は海の天気図 77
第 8 章　北極海から氷がなくなる？！ 87
第 9 章　小さな生き物から地球を知る 95
第 10 章　覗いてみようミクロな世界：海の極限環境微生物を科学する ... 106
第 11 章　海の遺伝子で薬をつくる？！ 117

はじめに

　海は広いな大きいな……。有名な唱歌「海」（作詞：林柳波，作曲：井上武士）は，広大な海を情感豊かに表現した素晴らしい歌ですが，海の魅力はこの歌でも伝えきれないほどたくさんあります。海は広く大きく，さらに深いです。大波が揺れ，凸凹していて，流氷も漂います。そして多様な生命を産み育んできました。

　私たちは海について，どれくらいのことを知っているのでしょうか。じつは知らないことだらけ，分かっていないことだらけです。けれども海は，人間にとって貴重な食糧となる魚介類を育み，地球の環境に大きな影響を与えています。驚異に満ちた生命現象にあふれ，私たちがドキドキわくわくするような新発見がたくさん眠っている，知的好奇心や冒険心をかきたてられる場所なのです。生物が好きな人，化学や工学に興味をひかれる人，数学や物理学で世界を美しく解き明かしたい人，そんな人たち全員にとって，海は大きな大きなビックリ箱です。なにが飛び出すか分かりません。

　北海道大学水産学部の教育を担当している私たちは，教員であると同時に，さまざまな形で海を解き明かしたいと願っている研究者でもあります。大学生や大学院生たちと毎日楽しく奮闘しています。この本は，私たちの活動の一端をみなさんにお見せして，海で研究する魅力を伝えたいと願って書きました。

　研究活動は型にはまったものではなく，ひとつの大学・学部のなかでもさまざまです。研究室ごとに独自の文化も持っています。そんな日常がうまく伝わるように，この本では，あえて章ごとのスタイルを統一しすぎないようにしました。読者のみなさんには，あちこちの研究室を訪問して先生とおしゃべりしているような気分で，この本を楽しく読んでもらいたいと思っています。

　さあ，海をまるごとサイエンスしてみましょう。

2018 年 7 月 16 日　筆者一同

第1章 海に棲む哺乳類に会いにいこう

三谷 曜子

北海道ぐるっと一周 海棲哺乳類の旅

　北海道は日本海，太平洋，オホーツク海と3つの異なる海に囲まれた広大な島です（図1.1）。日本海では，南からやってきた対馬暖流がイカやイワシを運びつつ北上し，途中で津軽暖流へと分岐します。津軽海峡を抜けた先は太平洋。たくさんの栄養を含んだ親潮が北から千島列島の南岸沿いにやってきます。その千島列島のいちばん南側にある国後島と北海道の境界である根室海峡を抜け，知床岬を回ると，そこはオホーツク海です。日本海を北上してきた対

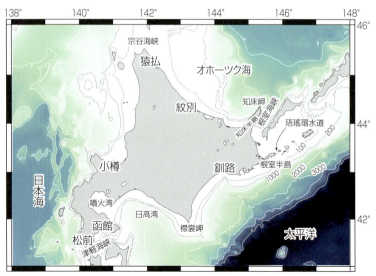

図1.1　北海道を取り巻く海

馬暖流が，宗谷岬を回って宗谷暖流となって南下してきますが，冬になると北から流氷がやってきます。それぞれの海が，季節がめぐるたびに違う顔を見せ，そしてそれにともなって，そこで暮らす生き物たちもめぐっていきます。

海棲哺乳類などが繁殖や採餌に適した場所を求めて長距離移動をすることを「回遊」と呼びます。回遊を明らかにする手法の一つとして，分布の重心を追う目視調査，標識で識別する標識再捕，発信器で追跡するバイオロギング・バイオテレメトリーなどの手法があります。

たとえば目視調査ではどんなことをするかというと，海況の許す限り，船のアッパーブリッジと呼ばれるいちばん上から，双眼鏡を使ってイルカやクジラ，アザラシ，オットセイなどを探すのです（図1.2）。どの種がいつ，どこにいたのか，その分布が季節によってどのように変化するのかがわかれば，群れとしての回遊の一端を知ることがで

図 1.2　おしょろ丸Ⅳ世からの目視

きます。また，これらの分布情報と，海の水温や餌の情報をあわせて解析することにより，「なぜ，そこにその種がいるのか？」という「なぜ」に答えるための知見を積み上げていくことができます。

次に標識再捕法で近年用いられている方法は，生まれながらにして持つ外部形態の特徴によって個体を識別する手法で，主に写真を撮影することでデータを蓄積するものです（図1.3）。得られた写真を季節や他海域のものと比較することにより，個体の移動を点と点で結ぶことが可能となります。

そして最後にバイオロギング・バイオテレメトリー手法ですが，これは個体に装着した発信器からの電波を，衛星で受信することにより，位置を割り出すことができます（図1.4）。これによって個体の連続的な移動を追跡することができるのですが，発信器が高価なので多くの個体には装着できない，発信器の電池が数か月〜1年程度しかもたないなどの短所もあります。

私は北海道大学北方生物圏フィールド科学センターというところで，これら

図 1.3　シャチの個体識別に用いられる背びれ左側写真

図 1.4　衛星発信器を装着したトド

のいろんな手法を用いて，海棲哺乳類がいつ，どこにいるのか，なぜそこにいるのかを明らかにする研究を行っています。研究室があるのは函館で，水産学部も担当しており，学生と日々，北海道各地へ出かけています。今回は，船に乗ったつもりで，この北海道を函館から東回りにぐるっと一周しながら，どんな海棲哺乳類がいて，どんな研究をしているのか，そしてそこにどんな「なぜ？」があるのかについて紹介していきたいと思います。

津軽海峡：日本海と太平洋をつなぐ海の道

　まずは函館です。晴れた日には，津軽海峡の向こうに対岸の青森が見えます。津軽海峡は本州と北海道を分ける海峡で，ブラキストン線として知られる動植物の分布境界であり，たとえばサルやイノシシは北海道にはおらず，クマについても北海道にいるのはヒグマ，本州以南はツキノワグマなど，生息状況を分断する海峡となっています。しかし，海棲哺乳類にとっては，この海峡が日本海と太平洋をつなぐ道となります。ここを通る種の一つがカマイルカです（図 1.5）。背鰭が鎌のような形になっていて，そこから鎌海豚と名付けられました。水族館でも高いジャンプを見せてくれるイルカです。

　3 月になるとこのカマイルカたちが津軽海峡にやってきて，函館と青森を結ぶフェリーからもよく観ることができます。私の研究室がある函館市国際水産・総合研究センターは目の前が函館湾で，水産学部の練習船おしょろ丸とう

図 1.5　カマイルカ

しお丸が係留されていますが，そこでもカマイルカの群れが泳いでいるのを見たことがあります。しかし，カマイルカは7月頃になると姿を消してしまいます。彼らは津軽海峡からどこへいくのでしょうか。そして，彼らはなぜ移動するのでしょうか。

噴火湾～日高湾

それではカマイルカを探しつつ，函館を出発して東回りに行きましょう。津軽海峡から恵山岬を回って北上していくと，内浦湾という湾があります。噴火湾とも呼ばれています。カマイルカがやって来たのは，この噴火湾です。なぜ彼らはここにやってくるのでしょう？ 詳しくは明らかになっていませんが，生まれて間もない子も見られていることから，カマイルカは6月を過ぎて暖かくなった頃に噴火湾に入り，出産の場所として使っているのかもしれません（Iwahara et al., 2017）。

さて，噴火湾を出て，さらに東回りに行きましょう。噴火湾から出ると，そこは日高湾です。日高湾には，秋になるとコビレゴンドウというクジラがやってきます（図1.6）。漢字で書くと小鰭巨頭で，その名前のとおり頭が丸くて大きなクジラです。そして，ツチクジラ（槌鯨）もいます。ツチクジラは頭が槌，つまりトンカチのような形をしているクジラで，あまり馴染みがないかもしれませんが，沿岸捕鯨の対象種で，千葉県や北海道で捕獲されています。函館で

図 1.6　コビレゴンドウの親子

図 1.7　ツチクジラのダブルジャンプ

も捕獲していて，その時期になると肉がスーパーにも並びます。時にジャンプして私たちの目を楽しませてくれます（図 1.7）。

　日高湾を進むうちに南下していきます。行き着く先は襟裳岬(えりもみさき)です。えりもは風の町と呼ばれ，とても強い風が吹きます。その岬の突端には日高山脈から続く岩礁が沖のほうまで延びています。その黒い岩礁の上をよく見ると，ゼニガタアザラシが寝転がっています（図 1.8）。ゼニガタアザラシは日本で唯一，一年中生息するアザラシで，ここ襟裳岬が最大の繁殖地です。昔は肉や毛皮を取るために捕獲されたり，コンブを育成するために岩礁が爆破されるなどして，数を減らしました。その後，保護されて数が多くなりましたが，サケ定置網に入ってサケを食い荒らしてしまうとして問題になっています。彼らはなぜ定置網に入って漁業と競合するのか？　私たちはそれを明らかにするため，食性解析や，バイオロギングによる行動圏解析，水族館における行動観察を行っています。

図 1.8　襟裳岬の岩礁上で寝そべるゼニガタアザラシ（撮影：白曼大翔）

襟裳岬から北海道東部へ

　襟裳岬を抜けて，北海道東部太平洋岸を進みましょう。9〜10月になると沿岸にカマイルカの大群が見られます。これは津軽海峡や噴火湾で見たカマイルカたちでしょうか？　さらに，沿岸から沖へ進むと，今度はカマイルカではなく，イシイルカの群れが見えます。なぜ種によって見られる場所が違うのでしょうか？　ぜひ想像してみてください。

　秋の道東は，サンマやイワシなどの浮き魚類やスルメイカなど，多様な海洋生物がやってきます。そしてカマイルカ，イシイルカだけでなく，ネズミイルカ，シャチ，ツチクジラ，マッコウクジラ，ミンククジラ，ザトウクジラ，ナガスクジラ，そして私たちの調査で一度だけ，沖のほうでシロナガスクジラも発見されました。

　このなかでも黒と白のツートンカラーと高い背びれが特徴のシャチについて，北海道シャチ研究大学連合（Uni-HORP）による個体識別調査が行われてきました。背びれの後ろ側のサドルパッチと呼ばれる白斑が人間の指紋のよう

に1頭ずつ違うため，個体識別ができるのです（図1.3参照）。これまでの調査から，100頭以上の個体が釧路沖に来遊していることや（幅ら，2013；大泉ら，2016），水深300～500 m付近によくいることが明らかとなりました（宮本ら，2017）。

釧路からさらに東に進んでいくと根室半島があります。右手に北方四島の歯舞諸島の灯台を見つつ，珸瑤瑁水道を抜けていきます。この水道はとても狭くて流れも強いため，船の航行に際しては襟裳岬と並ぶ難所です。この海域では，東にカマイルカとミンククジラが見えても，北方領土との中間ラインを超えることができないため，指をくわえて通り過ぎます。

根室海峡：北方四島との合間

東に国後島を見つつ野付水道を抜けると，そこは根室海峡です。根室海峡は国後島と知床半島に挟まれた，幅約20 kmの海峡で，北部へ行くほど深くなり，深いところでは2000 m以上にもなります。毎年2月ごろ，流氷がやってきます。クラカケアザラシやゴマフアザラシは，この流氷上で子を産みます（図1.9）。この時期，海のなかに水中マイクを入れてみると，アザラシの鳴き声が聞こえてきます。

クラカケアザラシは繁殖期に流氷の上で見られるものの，それ以外の時期には外洋で暮らす外洋性の種で，アザラシのなかでも最も生態がよくわかっていない種です。オホーツク海やベーリング海，北極海に生息するのですが，行き来しているのか，遺伝的に交流があるのかなども不明です。しかし，根室海峡で鳴き声を録音してみたところ，ベーリング海や北極のチュクチ海で録音されたものとは異なる特徴を持っていることがわかりました（Mizuguchi et al., 2016）。もしかしたら，根室海峡を含むオホーツク海のクラカケアザラシは，ベーリング海やチュクチ海のものとは交流がなく，鳴き声も異なるのかもしれません。

アザラシたちの繁殖期が終わり，流氷が根室海峡から遠ざかっていくと，シャチがやって来ます。この海域には，時に100頭以上のシャチが一堂に会し

図 1.9 上：クラカケアザラシ。未成熟個体のため，特徴的な帯模様がまだ出ていない。
下：ゴマフアザラシの子供。白い毛皮は数週間でゴマ模様の毛皮に生えかわる。

ます。これまでの個体識別調査から 250 頭以上がこの海域に来たことがわかっています。なぜ根室海峡にこんなにも多くのシャチが集まるのかはまだ不明ですが，来遊の開始時期は海氷と関係があることがわかりました（宮本ら，2017）。流氷によって閉じ込められると，彼らの立派な背びれが氷にあたってしまい，頭頂部にある鼻が海面まで届かず，呼吸ができなくなってしまうのです。海の王者，シャチにも弱点があるようです。

知床岬からオホーツク海へ

　知床岬をさらに回ると，そこはオホーツク海です。根室海峡とは異なり，海底の斜面は緩やかで，ホタテ漁が盛んです。北海道のオホーツク海沿岸のちょ

うど真ん中あたりに紋別市オホーツクとっかりセンターがあります。ここでは，陸に打ち上げられてしまったり怪我をしたアザラシを保護し，治療して海に返すという活動を行っています。しかし，海に放された個体が，その後どこへ行っているのか，生き残っていけるのかなどについては不明でした。そこで，個体の背中に衛星発信器を装着して追跡してみることになりました（図1.10）。2011年に初めて追跡した個体は，5月に保護されたその年生まれの子供でした。7月に海に放すと，しばらく北海道沿岸をうろうろしていたものの，8月に入ると宗谷海峡を超えてサハリンまで到達し，その年の12月に再び宗谷海峡を超えて北海道に来遊しました。

　生まれてすぐに保護され，放した時期にはすでに仲間は北海道を離れていたのに，なぜそこに陸があるとわかっているかのように北上したのか，とても不思議でした。しかし翌年，同じように放した個体は紋別から東へ進んでいってしまい，陸に到達することなく，わずか20日間で発信が途絶えてしまいました。最初の個体がたまたまラッキーだったのか，それとも個体によって生まれつき備わっているナビゲーション能力が異なるのか，それはまだ不明です。

図1.10　放す前のゴマフアザラシの子供

紋別をさらに北上していくと，猿払というホタテで有名な村があります。5月になるとマスの定置網が設置されるのですが，そこにトドが入ってくることがあります。トドは夏にロシア海域の島などで繁殖し，冬になると北海道沿岸にやってきて餌を食べます。成熟したオスでは1トンにもなる大きな体で，タラやホッケ，ニシンを食べ，網を破ったりするので，害獣として扱われています。定置網に入るのは，トドがそろそろロシア海域へと帰る時期だと考えられました。しかし，どこへ帰るのか，どのようなルートを通るのかはわかっていません。私たちは漁師さんに，入ってきたトドを連れて帰ってきてもらうようにお願いし，衛星発信器を装着して放しました（図1.4参照）。そうすると，成熟したメスは繁殖場へと帰っていくのですが，未成熟個体の多くは繁殖期になっても宗谷海峡の島などに上陸しつつ，北海道沿岸まで餌を食べに来ていました。未成熟個体はまだ繁殖しないので，わざわざ遠い繁殖場まで帰らずに，餌取りに専念していたのかもしれません。

宗谷海峡を超えて日本海へ

さらに北上すると宗谷海峡，そして日本海へと回っていきます。しばらく南下すると，積丹半島が突出する石狩湾があり，その湾奥に観光都市で有名な小樽があります。その近くに，練習船おしょろ丸の名の由来となった忍路湾があり，そのほとりに北方生物圏フィールド科学センター忍路臨海実験所があります。ここでは2016年から毎年，「海棲哺乳類実習」という他大学の学部生向け公開実習を行っていて，行動観察や鳴音解析などについて学ぶことができます（図1.11）。

さらに南下して行くと，渡島半島の南

図1.11　海棲哺乳類実習の一コマ

西端，松前に着きます。松前といえば，江戸時代，アイヌとの交易のために松前藩が置かれ，サケやニシン，コンブなどが流通していました。また松前藩から幕府に献上されていたもののなかには，キタオットセイ（以下，オットセイ）もあったのです。肉は塩漬けにされ，オスの生殖器は漢方薬としてとくに重宝されたそうです（村上，1800）。オットセイの繁殖地がない日本では，冬季に来遊するオットセイを海上で捕獲して持続的に利用していました。しかし，18世紀後半から19世紀後半にかけて毛皮を目的とした乱獲がロシアやアメリカの繁殖地で加速し，明治時代になると，日本も函館港を拠点として外洋でオットセイを乱獲するようになりました（函館市史，1990）。その結果，資源が崩壊し，1911年にはオットセイ資源を利用していた各国で猟虎及膃肭獣保護国際条約が締結され，日本国内ではラッコとともに捕獲を禁止する法律（臘虎膃肭獣猟獲取締法）が明治45年（1912年）に制定されました。

このように持続的な利用から毛皮のための乱獲，資源崩壊，保護，という変遷をたどってきたオットセイですが，近年，松前周辺海域では漁業との競合が問題になっています。そこで私たちは2008年から実態把握のための調査を開始しました。そして本種がごく沿岸域にも定常的に分布すること，

図1.12　発信器を着けたオットセイ

また，刺し網からホッケを食べていることが観察されました（堀本ら，2012）。現在は，松前周辺に来ているオットセイがどの繁殖地から来遊するのかについて，発信器を装着して追跡しています（図1.12）。

北海道からさらに，もっと海棲哺乳類をめぐる旅

　これまで紹介してきたように，北海道は海棲哺乳類研究にとても適した場所です．でも，北海道だけではなく，小笠原へ行ったり，国内だけではなく，おしょろ丸に乗って北極まで行ったり，さまざまな場所で海棲哺乳類研究を行っています．私たちはこれからも北海道で，さらにその先の「海棲哺乳類をめぐる旅」をしたいと思っています．旅の必需品は「なぜだろう？」と考えて「そのなぜを解き明かしたい！」と思う心と，行動力です．たくさんの「なぜ？」に出合える旅がこれからも続きます．

【参考文献】

- 幅祥太，斎野重夫，大泉宏，中原史生，三谷曜子，山本友紀子，青山桜子，吉岡基．2013．釧路沖に出現したシャチの個体識別．勇魚 59，22–25
- 函館市．1990．函館市史 通説編第 2 巻「6 ラッコ・オットセイ猟業」pp.1175–1190
- 堀本高矩，三谷曜子，小林由美，服部薫，桜井泰憲．2012．2009 年冬–春季の渡島半島西部から津軽海峡におけるキタオットセイ *Callorhinus ursinus* の来遊状況．日本水産学会誌 78:256–258
- Iwahara, Y., Mitani, Y., Miyashita, K. 2017. Estimation of Environmental Factors That Influence Migration Timing and Distribution of Pacific White-Sided Dolphins Around Hokkaido, Japan. Pacific Science 71, 303–318. doi:10.2984/71.3.5
- Mizuguchi, D., Mitani, Y., Kohshima, S. 2016. Geographically specific underwater vocalizations of ribbon seals (*Histriophoca fasciata*) in the Okhotsk Sea suggest a discrete population. Marine Mammal Sci 32, 1138–1151. doi: 10.1111/mms.12301
- 村上島之丞（秦檍丸）．1800．蝦夷島奇観
- 大泉宏，吉岡基，三谷曜子，中原史生，佐々木友紀子，幅祥太，青山桜子，斎野重夫，佐藤晴子．2016．北海道周辺に生息するシャチの社会構造と行動圏の利用様式—生息地保全への基礎研究．自然保護助成基金成果報告書 23，93–106
- 宮本春奈，岩原由佳，幅祥太，中原史生，大泉宏，山本友紀子，吉岡基，三谷曜子．2017．北海道東部海域におけるシャチの分布と生息環境．知床博物館研究報告 39，37–48

第2章 叫びたくなるサケの凄技！
母川刷込の解明を目指す

工藤 秀明

　水産学部ではサケの仲間の研究を行っている研究室はいくつかありますが，そのなかの一つ，海洋共生学講座，自称「鮭鱒班」（鮭鱒は音読みで「けいそん」）の様子を紹介します。「海と共に生きる」という現代の水産学にまさにぴったりな講座名を冠しており，海藻の先生，イカ・タコの先生，水産経済の先生からなる多様性のある大講座内の小グループ（教員1名と4年生・大学院生）が私たち鮭鱒班です。

研究対象のサケ

　私たちが主に扱うサケは，タイヘイヨウサケ属（サケ属，*Oncorhynchus* spp.）と呼ばれるなかでも，日本で最も一般的なサケ（シロザケ），日本で2番目に獲れる小型のカラフトマス，東アジア固有で高級なサクラマスです。これら3種のサケ（以下，サケ類）は，秋に河川で産卵し（ここでは雌雄双方の繁殖行動を指します），タイミングは種により異なりますが春に海に降り，海洋生活で索餌回遊して十分に成長した親魚は生まれた（または，降りた）川に再び戻ってくるという「母川回帰」を行い，産卵後は雌雄ともに死んでいきます（図2.1）。この母川回帰には，海に降りる際にその河川特有のニオイを特別な記憶である「刷込」により憶え，戻ってくるときにはそのニオイを思い出す「想起」をして生まれた川を認識しているという"凄技"を持っています。この仕組みは"嗅覚刷込説"として広く知られていますが，実はその詳細については謎だらけの現象でもあります。もっとも，ニオイで識別できるのは河川水が注ぐ沿岸近くになってからで，外洋（遠くはベーリング海）から日本までの方向定位

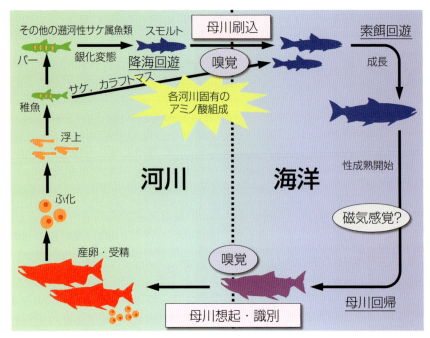

図 2.1 サケの生活史と母川刷込

には地磁気などが関わっていると考えられています。

　サケ類もニオイを感知するのはヒトと同様に嗅覚であり，それに関わる神経のことを嗅神経系と呼び，鼻である嗅覚器官（嗅房）と脳内の嗅覚に関わる各部位からなります（図 2.2）。うちの研究室では，この嗅神経系の細胞や遺伝子，そしてサケ類の行動の分析から"母川刷込"を解明して，サケ類の安定供給に寄与している人工ふ化放流事業に役立つ科学的情報が得られないか，日々研究しています。ほとんどの実験や分析は，屋内の実験室で行っていますが，幼稚魚が海に降りる春や，親魚が母川に帰ってくる秋から初冬には，実際に川へ赴き，特別な許可を得てサケ類を採集します。ここでは，秋から冬に行っている川でのサンプリングの様子と，うちの学生さんたちの奮闘ぶりを紹介します。

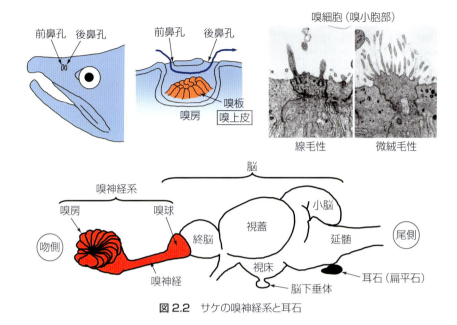

図 2.2 サケの嗅神経系と耳石

採集フィールド「遊楽部川」

　函館市内にはサケ類がたくさん遡上する大きな河川がないことから，私たちの主な調査河川は，北海道南部エリアで最もサケ（シロザケ）の産卵遡上数が多い，二海郡八雲町を流れる遊楽部川水系になります。名前の由来はアイヌ語の「ユー・ラプ」「温泉が下る川」で，支流の上流には実際に温泉があります。

　この川を調査フィールドにする理由はもう一つあります。北海道のサケの増殖事業（放流）をしている多くの河川では，河口に近いところにサケの捕獲装置（ウライ）が設置され，遡上し始めたサケの親魚を取り上げます。そして，ふ化場は飼育水の関係で川の上流にあることが多いので，サケはトラックに乗せられて川ではなく道路を遡ってふ化場まで運ばれます。何かサケにかわいそうなことをしているようにも思えるでしょうが，実はこのシステムは，「密漁対策」として行われているのです。サケを上流まで自然に遡らせると，川は海より格段に密漁しやすいので，河口から上流までの長い区間を見回らないとい

けなくなり，経費的にも安全面（密漁者にはその道の人が多いのです…）でも大変です。しかしながら，遊楽部川ではウライが中流域に設置され，増水時にはサケがウライを越えられる構造にしてあることから，下流からふ化場付近の上流まで，広くサケが自然産卵しているのです。

また，世界初のサケの天然増殖事業として江戸時代の村上藩（現在の新潟県村上市）が三面川で行った「種川の制」が有名ですが，明治に入り遊楽部川を種川として，当時まだ不完全だった人工ふ化法ではなく自然産卵によってサケを増やした歴史的な背景もあります。

ある冬のサンプリング

函館からクルマで約1時間半の八雲町に向かうため，早朝に研究室に集合し，大学の公用車（9人乗りのトヨタハイエース）に乗り込み出発します。サンプリング用具は前日から準備し，要領よく積み込まないと私や先輩の叱咤を受けます。公用車は教員しか運転できず，後ろに乗る学生は早速寝たり，もぐもぐ朝食を摂ったりします。助手席には，その日の採集のメインとなる学生が仕方なく（？！）座り，私の相手をしなくてはなりません，最近の公用車はオーディオに外部入力があるので，気の利く学生がご機嫌な曲を携帯プレーヤーでかけてくれることもあります。

函館–八雲間は高速道路が全線開通しておらず，近郊の大沼公園 IC から高速道路に入ります。移動中は走るゼミ室として，学生の研究の進捗状況とかを根掘り葉掘り聞きたいところですが，自分が学生だったころの記憶もあるので，極力，魚の話や今時の学生の様子，自分たちの昔話といったバカ話をするようにしています。秋から冬の道路は，早朝なので凍結，日によっては積雪があるので，注意して安全運転です。とくに公用車の車体側面には「北海道大学」と入っているので，攻めの運転などおかしなことはできません。高速を降りる前には，八雲パーキングエリアでトイレ休憩です。各人，出したり，吸ったり，飲んだりしてから車に戻り，いざ出発です。

八雲インターの出口は遊楽部川の比較的下流側にあるので，川沿いに国道

図2.3　サケの産卵遡上

277号線で上流に向かいます。途中，左手の河畔林では，絶滅危惧種である海ワシ類のオオワシやオジロワシが木に止まっていることもあります。中流域の交差点で道道42号線（北海道ですから「県道」ではなく「道道」です）へ右折してすぐのところに遊楽部川のサケ捕獲用のウライがあり，渡島管内さけます増殖事業協会の方々が作業しています。ウライの下流側に建岩橋という橋があり，その上から遡上するサケの姿がよく見えます（図2.3）。ここで，その日の遡上状況を確認して，さら

図2.4　河畔林のオオワシ

に上流へ向かいます。カーブと直線の繰り返す道道42号を上がっていくと，右手にはいい感じに蛇行した遊楽部川。ここでも冬季にはかなりの数の海ワシ類が上空を舞ったり，河畔林の木に止まっています（図2.4）。北海道で越冬するこの海ワシ類は道東地方で有名ですが，実はこの遊楽部川も有数の越冬地だそうです。これはサケが自然産卵したあとの死体（ホッチャレ）を餌のない冬の間の食料として利用できるためです。下流から上流域までサケの自然産卵が多く，また，川や死体の凍結が少ないことからも多くの海ワシ類が集まり，遊楽部川の豊かな生物多様性を示す一例となっています。

さらに上がっていき，上八雲地区で本流と合流する支流のセイヨウベツ川に架かる「鮭誕橋（けいたんばし）」というサケ好きにはたまらない名前の橋の付近で採集開始です。ここの少し上流には水産研究・教育機構北海道区水産研究所の八雲さけます事業所があり，耳石温度標識を付けたサケの稚魚が春に放流されています。

死体処理班（？）ホッチャレ採集

多少，実際の採集と順番や場所が違ってくるところもありますが，ここからサンプリングの中身に触れていきます。まずは，上流域の河原に多数ころがっているホッチャレ（図2.5）を拾い上げて，外見から雌雄を見分け，体長を測定し，あとで顕微鏡観察によって年齢を確認するために体側から鱗を採集します。産卵時のサケの親魚は餌を食べることを止め，食べ物を消化・吸収するエネルギーも出し惜しんで体内のエネルギーをすべて産卵のために使い切ろうとしています。体外からの栄養の

図2.5　サケのホッチャレ

供給がないのでカルシウム不足になり，体表を覆う鱗からカルシウム成分を吸収してそれを補います。そのため，海にいるときと違ってこの時期の鱗は薄くなり，皮膚に強く固着して剥がしづらくなっています。

続いてマキリという水産用の片刃の小刀を用いて頭に切れ込みを入れ，脳を露出させます。死んで時間がたっていると脳はドロドロ状態。腐敗臭のなか，「延髄」の下（脳底）の左右対になった小さい凹みにある「扁平石」という耳石（図2.2参照）を先の尖ったピンセットでつまみ出し，個体別にプラスチック製のテストチューブに入れて持ち帰ります。耳石はもともと，平衡感覚器官の一部なのですが，これに人工的に印（バーコード状の耳石温度標識）を付けることができます（図2.6）。実験室で耳石を標本にして観察し，この標識があれば，間違いなく八雲さけます事業所から放流された「ふ化場魚」です。標識

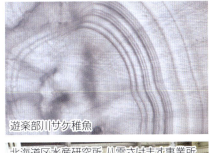
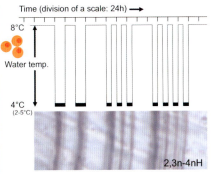

図 2.6 耳石温度標識と耳石温度標識装置。受精後の発眼卵の飼育水を急激に冷却し，一定時間後に再び戻すことを繰り返すと，耳石内にバーコード様の特徴的な輪紋が（一時的なストレスにより）形成される。耳石には木の年輪のような輪紋が元々あるが，それとは異質の人工的な輪紋であり，研磨すると現れる。これを耳石温度標識といい，標識のパターンは国際的な組織により管理・公開されている。下は，大規模な飼育水の温度管理が行える耳石温度標識装置。

がない場合は，自然産卵で生まれた「野生魚」もしくは本流上流部にある民間の遊楽部ふ化場から無標識放流されている「ふ化場魚」であり，各遡上時期での遡上親魚に占めるこれらの割合を推定する研究も行っています。

腐り切った亡骸から標本を取り出すこのような研究は，貴重なデータが得られますが，実施する研究者は多くないのが現状です。うちの個性的な学生だから，多少の愚痴をこぼしつつも，しっかり採集してくれています。

ショッカー出現！

死骸だけではなく，生きたサケも採集します。ただ，特別な許可を得ているとはいえ，せっかく上流まで遡上して自然産卵しようとしているサケですので，雌は極力避け，雄に限って必要最低限の採集数にしています。生きたサケの親魚の採集には，投網を使う研究者が多いと聞きますが，私も学生も投網が下手で，うまく網が広がらないので，「電撃漁具（電気ショッカー）」なる装置で採集しています（図 2.7）。一人がバッテリーと制御装置が付いた背負子を

図 2.7　電気ショッカーによる採集

背負い，川のなかで手元のポールの先と足下のワイヤーの間に電流を流し，周囲のサケを一時的に弱らせ，その間にペアの者がタモ網やサデ網ですくいあげます。

　その後，川岸に用意したコンテナ内の炭酸水にサケを入れ，不動化を行います。不動化には化学薬品で麻酔をする場合が多いですが，廃液処理の問題もありますので，うちでは食用の重曹とクエン酸で発生させた炭酸水で一時的に窒息させて動かないようにしています。そして直ちに魚体測定を済ませ，尾柄部と呼ばれる尾鰭の付け根の細くなった部分の腹側から注射針を刺し，背骨の下を走る尾動静脈から採血します。冷蔵で持ち帰った血液は遠心分離機にかけて，上澄みの液体成分の血清を冷凍保存し，必要に応じてホルモンの濃度などを測定します。続いて速やかに，鼻や脳各部の組織標本を，解剖して取り出します。手先がかじかむ寒さのなかですが，手袋をすると手が滑り，また細かい作業ができないので，素手でピンセットとマキリを使って取り出します。この作業は死後変性が始まる前に速やかに行わなければいけません。スピード勝負です。遺伝子分析用には RNA を保護する保存液，顕微鏡観察用には固定液に入れて持ち帰ります。これらの標本は研究室の冷凍庫や冷蔵庫に保管され，世界の他の人たちがまだ誰も見ていない遺伝子や細胞の挙動を分析するのですが，その研究紹介はまた別の機会に…。

母川水のニオイを求めて

　研究しているのは，サケのカラダのなかのミクロの分析だけではありません。現在，サケ類が刷り込んでいる母川のニオイには，河川水中の「アミノ酸組成」が重要なことが明らかにされています。アミノ酸はヒトなど陸上動物では「味」として認識されますが，水中の魚では「ニオイ」になります。私たちは，「アミノ酸組成」以外にもキーになる物質があるのではないかと考え，本流や支流の違いといったレベルで水を識別しているサケの母川刷込ですから，遊楽部川水系の各調査定点の水のなかの有機化合物を徹底的に調べ（網羅的分析），母川に特異的なものを見つけ出そうという研究を開始しています。その

河川水分析と並行して，いずれ何かキーになる物質が見つかったときに，サケに嗅がせて確かめる方法として，行動学的な試験を河川内で実施しようとしています。普通，この種の実験は大型の水槽やY字水路を研究所や試験機関の敷地内に設置して行いますが，私たちは「移動式簡易生簀」を用いた行動観察を試みています（図2.8）。名称は仰々しいですが，実はゴミステーション用のカゴを連結させたものです（特注すると高価なので…）。具体的には，先ほどの耳石温度標識が付けられているサケをセイヨウベツ川（母川）の上流域で電気ショッカーを使って捕まえ，すかさず大型コンテナに入れて公用車で近くの本流上流域（非母川）の似た河川環境中に設置した「移動式簡易生簀」まで活魚輸送します。その水や環境に慣れさせたあと，生簀の上流側から各種試験水（元いた母川の水など）をホースで流し込み，そのときのサケの様子を上からビデオ撮影して分析しています。現在のところ，違う水が流れてくると，サケが鼻先を空中に一瞬出す「鼻上げ行動」や，ホースの出口に近づく「給水口嗅

図 2.8　河川内での行動実験

ぎ行動」などが確認されていて，とくに母川水を流したときにこれらの行動が多い傾向を示す結果がでています。今後，実験条件や手順の精度を上げれば，十分，母川水のニオイに反応したかどうかを評価できるのではないかと考えています。

学生さんはそれぞれサケに関する別の研究テーマを持っているのですが，自分に直接関係ないサンプリングに駆り出されても，「寒いよ」「こんな雪のなかで…」と愚痴をこぼしながらも手と体はシッカリ動かす頼もしい連中です。彼らの唯一の楽しみは，昼食または帰りに八雲町内の食堂に寄って，ラーメンやあんかけ焼きそばで冷えた体を暖めることです（図 2.9）。

図 2.9 大盛あんかけ焼きそばと学生（八雲町内の食堂にて）

採集は，上流域だけではなく，目的によっては桜で有名な「さらんべ公園」付近の下流域でも実施し，終了するのはいつも暗くなり始める頃です。帰りは，温泉にでも行きたいところですが，コンビニに寄って直ちに帰路につきます。車内では，疲れて寝る子もいれば，サンプリングでハイになっている子もいて，いろいろです。午後 6 時頃に無事到着すると，学部の玄関に台車を持ってきて，サンプリング用具を 4 階の研究室まで運び上げなくてはいけません。疲れた学生たちには，持ち帰ったサンプルの処理に加え，機材や道具の洗浄・メンテなど後片付けが待っていて，夜中までかかることもあります。

このような様子で入手した標本やデータを日々の研究の材料として，サケの"凄技"の科学的解明を目指してがんばっています。最後に，2017 年度の遊楽部川でのサケ耳石研究を担当してくれた KY 君（漫画家志望，空気は読めます…）が当研究室をイメージ（妄想？）して漫画を描いてくれました。あくまでもイメージ（実際は女子は現在 1 名です…）として楽しんでください！

第3章　諸事情により海に下らない　サケ・マス

清水　宗敬

サケ・マスの生活史

　サケ科魚類には川と海を行き来する種類が多い。彼らは淡水で生まれ，一定期間を河川もしくは湖で過ごした後に海に下り，十分に成長すると海から川に戻って産卵する。このように書くと，サケ科魚類の生活史は比較的単純だという印象を持つかもしれないが，実は非常に複雑である。私はサケ科魚類の生活史について強い興味を持っており，それに関連した研究を20年以上行っている。しかし，実際にはまだ生活史周辺の研究に留まっており，なかなか本質に迫ることができないというのが正直なところである。

　サケ科魚類の生活史のどこが複雑で面白いかというと，まず，種（たとえばサクラマスやベニザケ）によっては，同じ親から生まれたとしても，海に下るものと下らないものに分かれるところである。すなわち，遺伝的には同じでも，生まれた後の環境に左右される。次に，彼らが生活史のなかで，淡水と海水という塩分濃度が大きく異なる環境を行き来できるという点である。淡水魚であるフナは海水中では生きられず，海水魚であるタイは淡水中では生きられない。しかし，淡水で生まれたサケは，その気になれば海水に適応する能力（海水適応能）を獲得できる。そして，その海水適応能や海へ下ろうとする傾向は遺伝に影響される。つまり，育ち（環境）だけでなく，生まれ（遺伝）も大事である。

　本章では，サケ科魚類の生活史のうち，海に下る・下らないという点に焦点を当て，それについていろいろな問いかけをしたいと思う。まず，なぜ海に下るのかという意義（Why）について説明する。そして，どのように海に下るの

かという仕組み（How）の話をする。さらに，サケなのに海に下らないのにはいろいろな理由があることを解説したい。そして，遺伝と環境との関係について考えてみたい。

いろいろな生活史パターン

　サケ科魚類の生活史には，いつ川から海に下る・下らない，いつ海から川に戻るかという組み合わせによりさまざまなパターンが生じる（図3.1）。最も単純なのは，カラフトマスである。彼らは，冬に川で生まれ，最初の春に海に下る。そこで約1年半過ごし，秋に川に戻って産卵して死ぬ。すなわち，満2歳で一生を終える。カラフトマスの生活史には変異がなく，すべての個体がこの2年という生活史スケジュールに従っている。このことは，奇数年に生まれたグループと偶数年のグループ間ではまったく産卵年が重ならないことを意味している。そのため，これら2つのグループは遺伝的には大きく異なっている。たとえば，北海道とアラスカの2つの川のカラフトマスの奇数年群と偶数年群の関係でいうと，距離が遠い北海道とアラスカの奇数年群同士のほうが，同じ

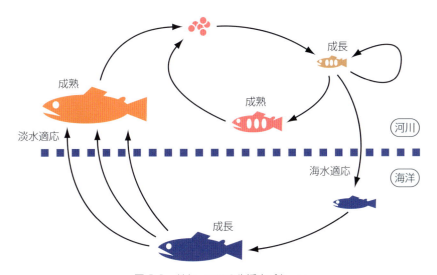

図3.1　サケ・マスの生活史パターン

川の偶数年群よりも遺伝的に近いという推定もある。このように奇数年と偶数年は関係が薄いため，近年は奇数年が資源量が多く，偶数年が少ないというガタガタした資源の変化を示している。

　また，日本で最もなじみが深いシロザケの生活史はカラフトマスよりやや複雑である。シロザケは川で生まれ，すべての個体が最初の春に海に下るという点ではカラフトマスと同じである。しかし，海で何年過ごすのかは個体ごとに異なり，3 年のものもいれば，4 年のものもいる。この海洋生活期の長さの違いは，産卵に多大なエネルギーを必要とすることと関係があると考えられている。産卵期の雌の体重の約 20 ％ は卵の重量で占められる。その卵は，胚や仔魚のために栄養（エネルギー）をたっぷり含んでいる。つまり，産卵するには十分に成長して，相当のエネルギーをため込む必要がある。そのため，成長の良し悪しによって産卵のために海から川に帰るタイミング（年）が異なるとされる。このように，シロザケでは海から川に帰るところで生活史が枝分かれする。

　第 3 の例としてサクラマスを挙げたい。本種は日本列島に広く分布し，本州ではヤマメとも呼ばれているが，両者は同じ種である。北海道では，サクラマスは川で生まれ淡水で 1 年以上過ごし，2 年目の春に海に下る。ここで興味深いのは，海に下らない個体も少なからず出現する。一方，海に下ったサクラマスの多くは 1 年過ごした後に，桜の咲く春に川に戻って秋に産卵する。このように北海道のサクラマスは，1 年目の河川生活期に海に下るか，川に残るかを，それぞれの個体が判断しているのである。では，どのような判断基準で生活史を選択するのであろうか。

なぜ海に下るのか

　サケ科魚類は元々は淡水魚である。すなわち，このグループは淡水から海洋に進出する方向で進化している。上記の 3 種の例で見ると，進化的にはサクラマスが最も原始的で，カラフトマスが最も新しく出現した種とされる。原始的であるサクラマスは，河川の生活期が長く，海に下らない個体が出現する一方，

進化が進んだカラフトマスは，ふ化するとさっさと海に下っていく。では，なぜ（Why）サケ科魚類は海に進出する方向で進化してきたのであろうか。ここでは，サクラマスに焦点を当てて，その理由（意義）を説明したい。

先に述べたようにサクラマスは約1年河川で生活した後，2年目の春に海に下る。このときに河川生活型のパーから海洋生活型のスモルトに変化（スモルト化）し（図3.2），その過程で海水に適応する能力（海水適応能）を獲得するのである。ここで，彼らが海に下るか川に留まるかは1年目の夏までの成長の良し悪しによるとされる。まず，最も成長の良かった個体，とくに雄は河川内で成熟が始まり（通常よりも早く成熟するので早熟雄と呼ばれる），降海せずに残留する。次に，成長が中程度のグループは，2年目の春にスモルトとして海に下る。そして，最も成長が悪かったグループは成熟も降海もせずに，パーのままもう1年，河川に残留する。

ここで注目してもらいたいのは，河川でなわばりや餌の取り合いに勝って最も成長が良かった個体，すなわち勝者が降海しない点である。裏を返せば，勝者になれなかった幼魚がスモルト化して海に下る。このことから，サクラマスの幼魚はできれば海に下りたくないのだと考えられている。しかし，海に下っ

図 3.2　サクラマスのパーとスモルト

た幼魚は 1 年間の海洋生活で成長し，その大きさは河川内の早熟雄をはるかに凌ぐ。体のサイズが大きく違うため，雌を巡る争いでは降海した成熟雄のほうが強い。そうすると，実は河川で敗者だった個体のほうが子孫を多く残せる状況が生じる。このような一見矛盾する現象は，川と海における餌量（生産量）や捕食のリスクを考慮すると理解できる。サケ科魚類のような冷水性の魚が生息する高緯度地域では，一般に川の生産量は海よりも低い。すなわちサクラマスの幼魚がすべて河川で成長して成熟するには餌が足りない。そのため，限られた資源を争い，結果として勝者が河川に残ることができる。一方，敗者は海に行くが，そこには川よりも餌が豊富にあり，大きく成長するチャンスがある。しかし，海にはサクラマスの幼魚を餌とする捕食者（大型魚類，海鳥など）がいて，幼魚のほとんどは食べられてしまい生存率は低い。川は，餌は限られているが捕食者は多くなく，隠れるところもあるので生存率は比較的高い。そのため，雌の取り合いでは負けてしまうが，少なくとも繁殖に参加して子孫を残すチャンスはある。すなわち，河川に残留するのはローリスク・ローリターンで，海に下るのはハイリスク・ハイリターンといえる。

　以上をまとめると，サクラマスがなぜ（Why）海に下るのかというと，資源が限られた川に残ることができなかった幼魚が，高いリスクを背負って海で成長し，繁殖での逆転を狙うためといえるだろう。そして，そのようなハイリスク・ハイリターンの生活史が種全体としては有利であったため，サケ科魚類はより海に行きやすい方向に進化し，シロザケやカラフトマスでは，すべての個体が覚悟を決めて海に行くという生活史になったと考えられる。やや擬人化した表現で生物学的には不正確であるが，リスクとリターンの間で揺れている様は，人生に通ずるものがあると筆者は思うのだが，いかがだろうか？

どのように海に下るのか

　先ほどまでは，なぜ（Why）海に下るのかという視点から話をしたが，今度は，海に下ると決めた幼魚がどのように（How）海水適応能を獲得するのかという仕組み（メカニズム）の話をしたいと思う。

◆ 第 3 章 ◆ 諸事情により海に下らないサケ・マス 35

　一般的な魚では，体内の塩分濃度が海水の約 1/3 に保たれている。これは淡水魚にも海水魚にも当てはまる。そうすると，淡水中では魚体内の塩分濃度のほうが高いため，その浸透圧差によって体表（主に鰓）を通して塩分が流出し，水が流入する。これを放っておくと水ぶくれで死んでしまう。一方，海水中では魚体内の塩分濃度のほうが低いため，塩分が流入し，水が流出する。こちらは放っておくと，まさしく塩のきいた新巻鮭となって死んでしまう。つまり，魚は淡水にいても海水にいても，つねに浸透圧を調節する必要がある。細かい説明は専門書にゆずるが，浸透圧の調節には鰓が非常に重要で，そこでの塩分（ナトリウムや塩化物イオン）の排出と取り込みは，塩類細胞と呼ばれる細胞が司っている。塩類細胞には，エネルギー（ATP）を使って，濃度勾配に逆らってナトリウムイオンをくみ出すポンプが存在し，Na^+, K^+-ATP アーゼ（NKA）と呼ばれる。一般に，サケ科魚類の稚魚・幼魚が川から海に下るときに，この酵素が活性化して海水適応能も高まる。そのため，鰓 NKA 活性は，海水適応能の指標にも用いられている。海水適応能の獲得を含め，サケ科魚類の稚魚・幼魚は降海前に淡水型の体から海水型の体につくり変える必要があるが，その信号となるのがホルモンである。サケ科魚類では，コルチゾルや成長ホルモンなどが海水適応能の向上を促す。そのため，これらの血中量はスモルト化の時期に増加し，体全体が海水型に移行しようとしているのがうかがえる。

海に下らない理由その 1：湖に長年閉じ込められたから（ビワマスの場合）

　先に，北海道のサクラマスを例にして，海に下る・下らないの分かれ道は，なわばりや餌を確保して成長できるかどうかにかかっていることを説明した。実は，この他にも，サケ科魚類が海に下らない諸々の理由がある。まず，サクラマスの亜種とされるビワマスのケースを紹介したい。

　琵琶湖は本州の真ん中に近い滋賀県にあり，日本でいちばん大きな湖としてよく知られている。一方，世界でも有数の古代湖（世界で 3 番目に古いとされる）であることはあまり知られていない。地史学的には琵琶湖は約 400 万年前に形成され，その後，移動や干上がりを経験しながら，約 40〜50 万年前に現

在の位置で深い湖となった。そして，琵琶湖にはビワマスと呼ばれるサクラマスの亜種が生息している。面白いのは，ビワマスは約 50 万年の間，琵琶湖水系という淡水域で世代交代を繰り返してきたため，遺伝的に海水適応能が退化している点である。このように，海と川を行き来する魚が海に行けなくなった状況を「陸封」と呼ぶ。すなわち，ビワマスはサクラマスが陸封され，独自に進化したものである。筆者は，ビワマスがサクラマスの一種なのに遺伝的に海水適応能が非常に低いという点に強い興味を持った。ビワマスが海水に適応できないメカニズムを明らかにすることは，海水適応に重要な要素を理解することにつながると考え，現在，本種の海水"不"適応能の研究を行っている（ややこしい話なのは重々承知である）。

筆者らは研究者として，ビワマスのスモルト化と海水適応能獲得に関して，以下の問いかけ（研究課題）を設定した。まず，①ビワマスは，そもそも海洋生活を送る気がまったくないのか？ ②その気がないとしても，もし外部から刺激を与えたらやる気がでるのか？ これらの問いかけをもう少し具体的な研究課題に落とし込むと次のようになる。①は，ビワマスは川から湖に下るときに，海水適応に重要な鰓の NKA 活性を少しでも高めているか否かという課題になる。そして，②は，ビワマスに海水適応能に関わるホルモンを人為的に投与すると，それに反応して海水適応能を向上させることができるかという課題とした。

課題①について，滋賀県水産試験場に共同研究をお願いし，ビワマスの稚魚の春季における鰓 NKA 活性を調べ，北海道のものと比較した（図 3.3）。まず，北海道のサクラマスの幼魚では，鰓 NKA は 3 月から 5 月にかけて急激に上昇し，この時期に海水適応能を高めていることがうかがえる。また，6 月に

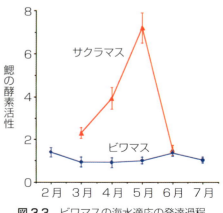

図 3.3 ビワマスの海水適応の発達過程

その活性が低下しているが，これは人工飼育下で淡水中に魚をずっと留めておいたため，魚が今年は海に下れそうにないと判断し，また淡水生活に戻ろうとしたためである。このような現象を「銀化戻り」と呼ぶ。一方，ビワマスでは，図を見れば一目瞭然であるが，鰓 NKA 活性は川を下る時期にも低値のままであった。このことから，ビワマスは自発的には海水適応能を発達させないことがうかがえる。つまり，ビワマスは長年の陸封により，海に行くことは考えなくなったようである。では，むりやり外部から刺激を与えると，やる気は向上するであろうか？

　そこで，課題②の，ホルモンの投与実験を行った。実験では，海水適応能を向上させることが知られているコルチゾルと成長ホルモンを単独もしくは複合的に投与した。そして，その効果を，鰓 NKA 活性と海水中での体内イオン濃度により評価した。まず，鰓 NKA 活性は，コルチゾルを投与することにより，高くなった。そして，70％ に希釈した海水中でのイオン濃度調節能もホルモン投与により向上が見られた。これらの結果から，ビワマスはホルモンの刺激（信号）を受け取って海水適応能を向上させる能力（ホルモン感受性）をある程度保持していることが明らかになった。すなわち，春季にホルモンの刺激さえあれば，鰓 NKA の活性を上げることは可能である。しかし，春季に鰓 NKAは低いままであった。このことから新たな仮説が設定できないだろうか。すなわち，ビワマスは春季にホルモンを分泌させるシステムが作動しないため，鰓NKA 活性が上昇しないというものである。

　この仮説を確かめるため，再度，滋賀県水産試験場にお願いし，春季の内因性の血中コルチゾル濃度を測定してみた。その結果は，仮説を支持するものであった。すなわち，ビワマスの血中コルチゾル濃度は冬こそ高値だったが，湖に下る時期である 5 月や 6 月には低値であった。一方，北海道のサクラマスでは，バラツキが大きいものの，血中コルチゾルの濃度の平均値は降海時期に高かった。これにより，ビワマスが降湖時期に海水適応能を発達させない理由の一つとして，春季の内因性のホルモン分泌能が陸封により低下したためということが言えそうである。もちろん，これだけが陸封による海水適応能の低下理由ではない。たとえば，ビワマスの鰓 NKA はホルモン投与により活性化され

たが，その活性は降海時期の北海道のサクラマスと比較するとかなり低い。もちろん，同一条件での比較ではないので結論付けられないが，ホルモンに対する感受性にも陸封の影響が出ていることが考えられ，現在は，この観点からゲノムの変異に着目した研究を進めている。

海に下らない理由その２：夏の海は暑い（宮崎のヤマメの場合）

次に，九州の宮崎にいるヤマメの生活史を見てみたい。ヤマメは種としてはサクラマスであるが，ここでは便宜上ヤマメと呼ぶ。

サクラマスは，太平洋の東アジア側のみに生息する固有種である。北はロシアから南は台湾の高山地帯まで分布する。日本では，北海道から宮崎まで自然分布している。北海道のサクラマスは半数以上が海に下るが，九州のヤマメは海に下らずに河川で生息するとされている（図3.4）。このように，サクラマスの降海特性には緯度的な変異が見られ，南に行くほど海に下りにくい。これは，北海道のサクラマスを例に説明した，川と海の生産量と捕食リスクの違い

図 3.4　九州のヤマメ（サクラマス）の降海特性

というよりも，沿岸域の海水温によると考えられている。九州沿岸は黒潮の影響もあり，水温が高い。なにせ，夏の宮崎の沿岸水温は約 30 ℃にもなり，冷水性の魚であるヤマメは，そんな海ではとてもではないが生きていられない。そのため，川は海につながっているものの，宮崎のヤマメは海に下ることができないと考えられている。しかし，大昔，氷河期の時代には海水温は低く，彼らは海に下っていたはずである。その証拠に，海で隔てられた台湾にもサクラマスの亜種（サラマオマスと呼ばれる）が高山地帯の渓流に生息している。彼らは，最終氷河期の終わり（約 1 万年前）から徐々に上昇した海水温のため，そこに取り残されたと考えられている。そのようなシナリオは宮崎のヤマメにも当てはまりそうで，かつては降海型がいたのだが，現在では降海が水温により阻まれている可能性が高い。

　ここで，ビワマスのことを思い出してほしい。ビワマスは，約 50 万年前に琵琶湖水系に陸封された。一方，宮崎のヤマメは約 1 万年前の最終氷河期の終わりから徐々に川に閉じ込められるようになったと考えられる。両者を比較すると，ビワマスの陸封期間が一桁長い。これは，ビワマスのほうが遺伝的に海水適応能を低下させている度合いが高いことを示唆している。言葉を換えると，宮崎のヤマメは陸封の期間が比較的短く，もしかしたらまだ海に行く能力と気持ちを持っているかもしれない。こうなると，研究者としては，いろいろ調べたいことが出てくる。

　そこで，宮崎のヤマメについてもビワマスと同じような解析を行った。宮崎県水産試験場と宮崎大学の研究者の方々にご協力いただき，まず宮崎のヤマメにおける 2 年目の春の鰓 NKA 活性の変化を調べてみた。その結果，2 年目の春に鰓 NKA 活性はほとんど上昇しなかった。このことから，宮崎のヤマメは，この時期に海に下ることを想定していないと考えられた。しかし，この時期のヤマメは北海道のものと比べてサイズが大きく，成熟が始まっている個体も多数いた。これは飼育水温が高いためと考えられる。では，宮崎のヤマメは生活史のなかで一度も海に下ろうという気を起こさないのであろうか？　宮崎のヤマメのことを調べるうちに，宮崎大学の先生から，1 年目の秋にスモルトのような魚が出現することを教えていただいた。通常，サクラマスの降海時期

は春であるが，本州太平洋側南西部に分布するサクラマスの亜種であるアマゴ（海に下ったらサツキマスと呼ばれる）は，高水温を避けて1年目の秋に海に下り，半年間過ごして，水温が再び上昇する前のサツキが咲く頃に川に戻る。このことから，宮崎のヤマメも秋に海水適応能を高めることは十分に考えられる。そこで，さらに宮崎大学にご協力いただいて，秋季の鰓のNKA活性の変化を調べた。その結果，銀白化が進んだスモルト様の魚の活性はパーよりも高いことがわかった。また，身体全体のイオン調節能もスモルト様の魚のほうが高かった。これらのことから，宮崎のヤマメは春〜夏の高水温を避けるため，秋にスモルト化している可能性が考えられた。すなわち，ビワマスとは異なり，彼らはまだ海に下ることを模索していることになる。ただし，宮崎のヤマメの海水適応能は北海道のものほど高くないことを示唆するデータも得られており，彼らが実際に海に下っているのかは定かではない。もしかしたら，秋〜冬に河口の汽水域で餌を摂っているだけかもしれず，今後の研究で明らかにしていく必要がある。

　宮崎のヤマメの研究から見えてきたものは，サクラマスは秋にも海水適応能を高める能力があるということである。このことから，筆者は以下の仮説を立てた。サクラマスの祖先は，春と秋の2回，海水適応能を高める能力を持っていたが，生息している環境，とくに水温により，春もしくは秋のいずれかのタイミングでスモルトになる特性が遺伝的に強化されていった，という仮説である。この仮説を検証することは容易ではないが，いろいろなアプローチで本質に迫っていけると思う。今後，ぜひやってみたいことは，宮崎のヤマメと北海道のサクラマスを，北海道と宮崎の両方の環境で飼育して両者を比較することである。このような実験は，共通環境実験と呼ばれ，遺伝的に異なる系群を同一環境下で飼育することにより，遺伝に起因する違いを明らかにする方法である。すなわち，宮崎のヤマメを北海道の環境で飼育して，もし彼らが2年目の春にスモルト化したなら，スモルト化のタイミングは環境によって決まるといえるだろう。逆に，北海道の環境でも宮崎のヤマメが秋にスモルト化したら，そのタイミングは環境ではなく彼らの持つ遺伝的特性によるものであるといえる。このような飼育実験や，近年，急速に技術が発展しているゲノム情報の解

析を行うことによって，サクラマスをはじめとするサケ科魚類の海に下る・下らないメカニズムが明らかになると思われる。

サケ・マスの仲間

　よくサケとマスの違いは何ですかと聞かれる。暴論かもしれないが，両方に大した違いはないというのが筆者の見解だ。もちろん，魚の分類をしている研究者にとっては，これらの関係を正しく把握することは重要である。しかし，このサケとマスという用語が学問的な区分ではなく，慣用的なもので変化しうること，また，英語の Salmon と Trout をそれぞれサケとマスに当てはめることが正確ではないことを考えると，両者を明確に区別することに筆者は意義を見いだせない。

　もともと Salmon というのはタイセイヨウサケ（*Salmo salar*）を指し，Trout はブラウントラウト（*Salmo trutta*）などを指す。いずれもヨーロッパや北米大西洋側に生息する種類に付けられた名前で，太平洋にいるサケのためのものではない。また，日本語ではシロザケを一般にサケと呼び，それ以外をマスといっていた時期がある。たとえば，ベニザケはベニマスと呼ばれていた。でもシロザケもベニザケも，区分としては同じサケ属（*Oncorhynchus* 属）というグループなので，別々の呼び方をするのは少しおかしい。また，海に下る種を Salmon，川に生息する種を Trout と呼ぶ傾向にあるが，サクラマスは種内で海に下る個体と川に残る個体が出現するため，種を表す用語としては不適当である。

　これらをふまえて，筆者がよく説明で使うのは，次のフレーズである。「日本に元々いたサケ・マスと呼ばれる魚はすべて Salmon と言って差し支えない。ただし，アメマス（イワナ属）を除く」。この区分で言うと，シロザケ，ベニザケ，カラフトマス，サクラマスは Salmon である。ちなみに日本に元々はいなかったがよく知られているものとして，ニジマスやカワマスがある。前者は英語では Rainbow trout であるが，サケ属なので Salmon と言っても間違いではなく，後者は Brook trout とか Brook charr と呼ばれ，イワナ属の魚であるので，少なくとも Salmon とは呼ばない。

　かえって読者の頭を混乱させたのではないかと少々心配である。

第4章 殖えない魚を殖やしたい
難種苗生産魚種への挑戦

井尻 成保

ステルバイの思い出

　コリドラス・ステルバイという熱帯魚がいる。焦げ茶色のボディーにやや黄色がかった白色の小さな斑点が全身に散らばり，時折，目をクリッと一瞬下に向ける仕草がかわいい小型ナマズだ。学生時代，セミナーに遅刻したり，論文提出の締め切りを守れなかったりしたときに，ペナルティーとして熱帯魚を購入してラボの観賞魚水槽に入れた。おおきな失敗をしたときに購入するのがステルバイで，当時は4000円以上した。痛い出費だ。殖やしてペナルティーに備えたいと思った。しかしこのステルバイ，水槽で飼ってもなかなか産卵に至らず，結果として出費が続くことになった。

　その後，社会人になり，家に大きな水槽をセットした。模様が綺麗な野生の大型のステルバイを少しずつ買い集めた。水替えを長い間控えて，あるとき一気に新鮮な水に交換した。すると数日後，ステルバイは水槽壁面に粘着卵を多数生み付けた。初めての産卵に大喜びしながら，ガラスに付着した卵をていねいに集めて，200個くらいの卵を小型水槽に移した。数日すると孵化し，卵黄が吸収される頃からアルテミアの卵をすりつぶしたものを初期餌料として与え始めた。残餌は黴びるので，その都度，細いチューブで吸引除去した。この大事なタイミングで西表島で行われる研究会に行かなければならなかった。給餌と残餌除去は妻にお願いするしかない。心配で心配で，毎日のように電話してステルバイの稚魚の様子を尋ねた。1週間ほどして家に帰ると，稚魚は明らかに大きさを増していた。その後ほとんど死なせることなく，すべてのステルバイは大きく育った。妻からは二度と稚魚を残して出張に行ってくれるな，とお

◆ 第 4 章 ◆ 殖えない魚を殖やしたい：難種苗生産魚種への挑戦　　43

願いされた。それから何年もの間，南米小型シクリッドやプレコなど，高価な種に限って繁殖を行った。高価な種というのはすなわち，人の手で殖やすことが難しい種である。水産の世界では，難種苗生産魚種という。チョウザメも難しいが，さらに難しいのはウナギである。

チョウザメの繁殖

　私の所属する研究室は古くから「淡水増殖研究室」，通称「淡水」と呼ばれている。北大水産学部では 4 年生になると研究室に所属することになるが，私は淡水研究室を選んだ。同時に，イランからの国費留学生モジャジー・アミリ・バゲルさんも博士課程大学院生として「淡水」にやってきた。イランはカスピ海に面した，チョウザメ養殖が盛んな地であり，アミリさんはチョウザメの研究をすることになった。当時，北海道電力の総合研究所ではオオチョウザメとコチョウザメの交雑種，通称ベステルが飼育されており，アミリさんは定期的に赴き，バイオプシー（手術）によって卵巣の一部を摘出してラボに持ち帰った。ラボでは培養実験を行い，試験管内卵成熟と排卵能の検定による産卵誘導適期の推定法を確立し，その研究成果が認められて博士号を取得した。現在はテヘラン大学の教授に出世している。これが「淡水」におけるチョウザメ研究の始まりであった。

　チョウザメはカスピ海産のオオチョウザメ（ベルーガ）が有名であるが，実は日本にも生息していた。過去形なのは，すでに絶滅したからだ。北海道の名付け親である幕末の探検家，松浦武四郎は，その手記で，天塩川を船で渡るときにたくさんのチョウザメが水面から鼻を突き上げながら寄ってきたことを記している。石狩川の中流にある神居古潭という淵にも昭和初期まで産卵のために遡上したチョウザメが溜まっていたことが記録に残っている。このチョウザメは 1892 年，ドイツの動物学者フランツ・ヒルゲンドロフによって初めて記載され，*Acipenser mikadoi* との学名が与えられた種である。その後，サハリンチョウザメという英語名が通称となるが，*mikadoi* という種名から，われわれがミカドチョウザメと言い続けていたところ，最近は世界でもこの名前が広ま

図 4.1　ミカドチョウザメの雌と大学院生ゆき子さん

図 4.2　ダウリアチョウザメの雌と足立伸次教授

っている（図 4.1）。ヒルゲンドロフ博士はナイスネーミングをしてくれたと思う。

　しかしチョウザメ類はその卵巣がキャビアの原材料として極めて高値で取引され，さらに肉も食用になり，固い皮もさまざまな用途に使用される実用性の高い魚である。そのため古くから乱獲が進み，北海道からは姿を消してしまった。しかしまだ，ロシア沿海州のチュムニン川で細々とした産卵が続き，いまでもごくたまに北海道沿岸に来遊し，サケの定置網にかかることがある。ミカドチョウザメはサケと同じ降河回遊魚で，川で産卵して海で育つ。北海道沿岸に回遊する種は，ミカドチョウザメの他にダウリアチョウザメ（通称カルーガ，図 4.2），アムールチョウザメがいて，ともにアムール川で産卵する種である。われわれ淡水研究室の足立伸次教授は，北海道の他の研究機関と協力して 25 年にわたり執念を絶やさず天然チョウザメを集めてきた。殖やしたいからである。

北海道にチョウザメ産業を興したい

　キャビアは高い。種によるが 100 g（小さな缶詰くらいの量）数万円で売られているものもある。日本で食されているキャビアは，ほとんどがヨーロッパやロシアからの輸入品である。国内でも株式会社フジキンなどで生産されているが，需要にはまったく追いつかない状況にある。さらに，日本産のキャビアの多くはオオチョウザメとコチョウザメの交雑種，ベステル種産であり，コチョウザメの血統が混じっているため小粒である。北海道にはかつてチョウザメが生息していたこともあり，ぜひとも養殖の一大産地にしたいところだ。できれば北海道在来種のミカドチョウザメの血統の入ったキャビアを産したい。足立教授の夢だ。しかしミカドチョウザメの繁殖は最難関であり，現状ではアムールチョウザメが繁殖有力種である。

　なぜチョウザメ類の繁殖が難しいかというと，ひとつは飼育下で自然産卵に至らないからである。飼育環境下でも卵黄形成はするが，卵成熟と排卵のスイッチが入らないことにその理由があることがわかっている。これは多くの難

種苗生産魚種に共通の現象である。魚類の卵黄形成は環境の変化，とくに水温と日長の長期変化によって促進される。卵成熟・排卵は，産卵適地環境に到達することや雄に出会うことなどの環境要因によって誘引される。まず，環境刺激が脳の特定の部位を刺激し，生殖腺刺激ホルモン放出ホルモン（GnRH）が下垂体へ放出される。GnRH は下垂体からの黄体形成ホルモン（LH）の血流への分泌を生じさせ，高濃度の LH が卵巣に到達すると，卵母細胞を取り囲む濾胞細胞層を刺激し，濾胞細胞層では卵成熟誘起ステロイドホルモン（MIS）が産生される。次に MIS は卵母細胞表面にある MIS 受容体を刺激し，卵母細胞内のサイクリック AMP 量の減少を引き起こす。すると，卵母細胞の減数分裂が開始され，引き続いて濾胞細胞層から絞り出されるように離脱し（排卵），受精可能な卵となる（図 4.3）（詳しくは『魚類学』を参照されたし）。チョウザメを産卵適地環境下に置くことができない場合（飼育環境では難しい），上述のいずれかのホルモンを人間の手で処方してやれば産卵させることができる。この方法を人為催熟という。どのホルモンを処方すれば成功するかは魚種によって違うが，できるだけ "上流" から処方するほうがよいとされている。幸い，チョウザメ類では最上流の GnRH の処方が有効に働く。しかし，やみくもに GnRH を処方しても産卵に至るわけではないのが難しいところである。

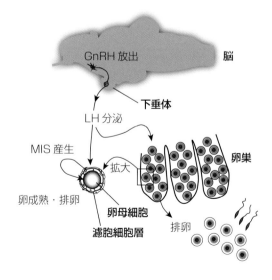

図 4.3
魚類卵成熟の
内分泌コントロール

チョウザメ MIS の謎

　脊椎動物で初めて卵成熟誘起ステロイドホルモン（MIS）が同定されたのはサクラマス（アマゴ）からである。同定したのはわが淡水研究室出身の基礎生物学研究所・長濱嘉孝教授と, 若き頃の足立伸次研究員（当時）だ。それは 17α, 20β-ジヒドロキシ-4-プレグネン-3-オン（DHP）というステロイドだった。その後, ウナギの MIS も DHP であることがやはり足立・風藤らにより証明され, 現在では多くの魚類の MIS は DHP であると考えられている。しかしチョウザメ類の MIS は DHP ではないかもしれないと, この頃われわれは考え始めている。最近, 足立教授はチョウザメの MIS 同定に本腰を入れている。担当しているのは修士課程の大学院生, 長谷川君だ。彼は卵成熟後の血液に含まれる多様なステロイドを液体クロマトグラフィー／質量分析計で分離同定し, 卵成熟後に現れるステロイドの種類をしらみつぶしに調べようとしている。そのなかに MIS があるはずだ。苦戦中である。長谷川君の顔には苦悩の表情が現れている。同定される日は来るのだろうか?

ホルモン注射の最適のタイミングをどう知るか?

　チョウザメに GnRH を打つタイミングは生体外卵巣培養による検定結果を元に判断する。アムールチョウザメでは, 雄は 5〜6 歳で精子形成を, 雌は 10 歳ほどで卵黄形成を開始する。卵黄形成が完了しても, ホルモンに反応して卵成熟・排卵ができるかどうかは卵母細胞の外観からは判断できない。また, 卵黄形成が完了してある程度時間が経てば, 卵母細胞は退行してしまい, 受精可能な卵を採取することはできなくなる。そこで定期的にバイオプシーで卵巣片を摘出し, ホルモンを添加して生体外で培養し, 卵成熟および排卵が誘導されるかどうか, つまりホルモンに反応して卵成熟および排卵をする能力があるかどうかを検定する。添加するホルモンは, チョウザメの LH が望ましいが, LH を精製できるほどのチョウザメ下垂体を集めることはできないので, これまでは LH がたくさん含まれているサケ脳下垂体抽出物を添加してきた。ただ, やはり異種生物の LH であるため, チョウザメ卵濾胞（卵母細胞とそれを取り囲

む濾胞細胞）の反応はやや鈍い。そこで最近，昆虫細胞培養系を利用してチョウザメ組換え LH（リコンビナント LH）を作製することにした。

一郎太君のリコンビナント

　挑戦したのは大学院生の一郎太君だ。一郎太君は奈良出身のどちらかというとぼんやりとした物静かな雰囲気の学生だ。まず，アムールチョウザメ LH の遺伝子配列を単離する。それを昆虫細胞に導入して大量培養する。すると，昆虫細胞はアムールチョウザメの LH をせっせと産生してくれる。培養液中には大量の LH が分泌され，そこから LH のみをアフィニティークロマトグラフィーとゲルろ過クロマトグラフィーを利用してていねいに精製していく。なぜか途中で昆虫細胞が分裂しなくなってしまったり，培養中に真っ白いマリモのようなカビが繁殖したり，そのたび一郎太君はがっかりしながらも，へこたれることなく，2 年かかってリコンビナント LH を作製した。途中，大学院生ゆき子さんから「早くつくりなよ」みたいな無情なエールをもらいながらも，黙々と培養条件を検討し続けた。本当にホルモン作用を持つリコンビナント LH ができたのかどうかは，実際にアムールチョウザメ卵濾胞に添加して培養し，卵成熟と排卵が誘導できるかどうかを確かめるしかない。大学院修士課程最後の年の 12 月，修士論文を完成させるにはもうぎりぎりの時期だ。アムールチョウザメの卵濾胞をバイオプシーで採取して培養を開始した。一郎太君，勝負の時だ。結果は次の日に出る。

　一郎太君には運がない。なんとなくそういう雰囲気を醸し出している。しかし，このときは違った。顕微鏡をのぞいてみると，見事にすべての培養卵濾胞がつるっと排卵していた。サケ脳下垂体抽出物を添加した対照群では，排卵したのはほんの数個に過ぎない。一郎太君のリコンビナント LH は，はるかに強いホルモン作用を発揮した。大成功である。しかし一郎太君は雄叫びをあげるでもなく，椅子に座ったまま身体を折り曲げて，拳を力強く，しかし静かに胸のあたりまで突き上げ，地の底からわき上がるようなガッツポーズ。そして，そのまましばらく固まっていた。下級生たちが一郎太君を尊敬した瞬間だっ

た。これ以降，卵成熟・排卵能の生体外培養検定は以前に比べてはるかに鋭敏なシステムとなった。今後は，排卵誘導のタイミングをより正確に把握できることになりそうだ。

いよいよ人工授精

さて，このようにして生体外培養で排卵能があることが確認された個体には，いよいよ GnRH を注射する。同時に雄にも GnRH を注射する。こちらは精子を採取するためだが，雌ほどタイミングは難しくない。GnRH 注射後，うまくいくと 2～3 日後に卵巣から卵が体腔へ排卵される。排卵を確認したら，腹部を圧迫して卵を体外へ絞り出す（図 4.4，下のコードまたは URL から動画もご覧ください）。これに事前に採取しておいた精子をかけると受精する。チ

図 4.4　ダウリアチョウザメの採卵。GnRH 注射の数日後，腹部を圧迫して卵を搾出して集める。

図 4.5　チョウザメ受精卵の粘液除去作業。尿素を含む溶液のなかで受精卵をていねいに攪拌することによって卵膜表面の粘液が除去される。

11.9MB
www.kaibundo.jp/hokusui/mikado.mp4
ミカドチョウザメの採卵

10.9MB
www.kaibundo.jp/hokusui/dauria.mp4
ダウリアチョウザメの採卵

ョウザメの卵は粘液にまみれており，自然界では川床の岩にへばりついている。しかし，人工的に孵化させるには下部から水が湧きあがる大きめの筒のなかで対流させることで常に卵が新鮮な水と接するようにしなければならない。粘液があると卵どうしが接着して塊となり，新鮮な水と接することができなくなるので，人工孵化では受精後に粘液を除く作業が必要になる。細かな砂をまぶして粘液を取る方法もあるが，尿素などで受精卵を洗うことによっても脱粘することができる（図4.5）。脱粘して孵化ボトルで受精卵を対流させていると，ミカドチョウザメの場合は10日ほどで孵化に至る。

　淡水研究室では毎年春に採卵誘導を行っているが，ベステルからは毎年のように大量の卵が得られて，稚魚も豊富に生産することができるようになっており，すでに安定的商業生産ができる態勢である。ただ，大量のチョウザメを育てるには広い養殖池が必要となる。そのような広大な飼育施設は大学にはないので，美深町，標津町や鹿追町などの他の協力機関と協働して大量養殖を始めつつある。いまでも美深温泉へ行くとチョウザメ料理を食べることができるが，北海道のいたるところで地場産のチョウザメを味わえるようにすることが足立教授の目標である。

地域固有種をターゲットにしたい

　さて，ベステルはコチョウザメの血が混じっているため，成熟年齢が7〜8年とチョウザメ類としては早い。つまりキャビアのもととなる卵巣を早く得られるという大きな利点がある。しかし北海道産チョウザメというからには，やはり北海道近海に生息するダウリアチョウザメ，アムールチョウザメ，そしてもし可能ならミカドチョウザメの繁殖を可能にして商業生産を始めたい。これらのチョウザメ養殖の難しいところは成熟するまでに10〜20年近くの長い時間がかかるということだ。しかも，1回産卵すると次に産卵可能になるまでに2〜4年かかる。毎年種苗生産するためには多くの親魚を用意しなければならない。また，孵化後の育成もベステルチョウザメより難しい。それでも淡水研究室ではこれまでにダウリアチョウザメ，アムールチョウザメ，ミカドチョ

ウザメ（図4.6）の種苗生産に成功している。このなかで最も増やしたいのは，もちろん北海道固有種（国内絶滅種），ミカドチョウザメである。2008年には初めてミカドチョウザメの大量孵化に成功したものの，ほとんど育成することができなかった。このときはベステルチョウザメの経験をもとに稚魚の育成を行ったが，数々の飼育環境改良点が必要であることがわかった，と足立教授は言っている。「次に産卵誘導に成功すれば大量繁殖は可能になるのではないか」「もし，大量生産に成功したなら，もともと生息していた天塩川や石狩川にミカドチョウザメを戻したい」。足立教授の夢であるが，曰く，「一世代一実験しかかなわないチョウザメ研究は寿命との戦いだよ」。なにせ，彼らのほうがわれわれよりも寿命が長いのだから。

図4.6 ミカドチョウザメの人工孵化成功を伝える記事
（2008年6月13日付「読売新聞」東京夕刊，19ページ）

チョウザメの性分化と人為的性統御

　本章の最後に性について話したいと思う。チョウザメはその卵巣がキャビアの原料としてとても高い経済的価値を持つ。つまり，養殖産業を考えた場合，雌を優先して養殖することによって経済効率は格段に高まる。雄は繁殖用の種馬ならぬ種チョウザメを育てるだけでいい。ところが，チョウザメの性は難しい。人間だとお母さんのおなかのなかですでに性分化していて，産まれたときには男か女か見たらわかる。一方，チョウザメは孵化から1〜2年してようやく性分化が始まる。しかも，外見からは性がわからないため，手術して生殖腺の一部を摘出し，切片を作製して顕微鏡で観察して初めて卵巣か精巣かを判別できる（2歳くらいからは実体顕微鏡や肉眼でもわかる）。このような作業を組織学的解析という。とても手間のかかる作業で，すべての養殖チョウザメを組織学的に調べることはできない。

　おそらく，チョウザメ類には遺伝的性があると思われる。つまり，鰭を少し切り取ってDNAを抽出して性特異的なDNA配列の有無を確認すれば雌雄が判別できるはずである。組織学的解析に比べると圧倒的に簡便な作業である。この方法の確立には性特異的DNA配列の同定が必須である。同定するには遺伝学的解析が常道であるが，チョウザメには適用できない。なぜか？　遺伝学的解析を行うために必要なだけの世代を得るには寿命が長すぎるからである。われわれの研究人生の間では解析に必要なサンプルが得られないのである。それでも地道にDNAサンプルの採集を続けているが，解析できるほどのサンプルを集めるにはまだまだ時間がかかりそうだ。

　他に方法はないのか？　カイコとアスパラガスでは性分化直後のサンプルの間でmRNA（メッセンジャーRNA）発現に性差のある遺伝子を選抜することによって性決定遺伝子（性特異的DNA配列）の同定に成功している。われわれもロシアチョウザメとアムールチョウザメの形態的未分化生殖腺中のmRNA発現をしらみつぶしに調べて，これまでに数百の性特異的候補DNA配列を検定してきた。その結果，3つのDNA配列のコンビネーションで25％の遺伝的雌を判別することができるようになった。これである程度の雌選抜は可能になる。

しかし，まだ4分の1である．チョウザメ類の性を100％判別できる性特異的DNA配列の発見には至っていない．ただし，まだまだ調べるべき選抜DNA配列はたくさんある．いつの日か，「おまえだったのか」と，チョウザメの性決定遺伝子に声をかけられる日がくるに違いないと信じて研究を続けるしかない．

　もう一つ方法がある．雌性発生である．これは，精子のDNAを破壊した後，受精させ，受精後の卵細胞の最初の細胞質分裂を高圧で阻止することによって，卵細胞のDNAだけで発生する個体をつくりだすバイオテクノロジーの方法である（詳しくは『魚類生理学の基礎』参照のこと）．足立教授と北海道電力総合研究所の尾本博士はすでに雌性発生魚を8年前につくっている．チョウザメ類はZZ/ZW型の雌ヘテロタイプの遺伝的性決定システムを持つと予想されており，これが正しければ，雌性発生魚にはWWの性染色体の組み合わせを持つ，いわゆる超雌が含まれている可能性がある．もし，超雌が存在していれば，その卵にはどんな精子を媒精しても子はすべて雌である．そうなると上述したDNA検査すら必要なくなる．ただ，この超雌作出の困難な点は，何十年もの時間がかかることである．しかも結果を見るまで，できるかどうかわからない．「寿命との戦いだよ」，足立教授の言葉が深く心にこだまする．

ウナギの話

　これまで長々とチョウザメの話をしてきた．実はわが「淡水」は，もともとはウナギの研究から始まった研究室である．初代教授の山本喜一郎先生は，世界で初めて，不可能と考えられていたウナギ仔魚の作出に成功した人である（図4.7）（Nature, 1974）．ウナギの難しいところはチョウザメとは異なる．チョウザメの場合は飼育環境下でも卵黄

図4.7 人工的に生産したウナギ仔魚の顔

形成を完了し，あとはホルモン注射で卵成熟と排卵の引き金を引くだけである（そのタイミングの見極めは難しいが）。しかしウナギの場合は飼育環境下では卵黄形成すら進行しない。そのためホルモン投与によって卵黄形成から誘導し，その後に卵成熟・排卵誘導を行わなければならない。

　振り返ると私はすでに人生の半分くらいの間，ウナギの研究に携わってきた。そのなかで，ウナギの卵黄形成はどのようなホルモン支配によって進行するのか？　卵成熟を誘起する MIS 産生を担う遺伝子は何なのか？　卵質はどのような分子的条件によって決まるのか？　実験室にいるだけではわからないこともあり，さまざまな友人に背中を押されて，ウナギの産卵場であるマリアナ海域にも親ウナギのサンプリングにでかけた。そして，いま現在もっともわからないのはウナギの性である。飼育環境下ではウナギはほとんど雄になる。つまり，うなぎ屋で食べるウナギはほぼ雄と考えて間違いない。これについても実験室の飼育個体を解析するだけではとても理解につながりそうもないことを痛感している。なので野外調査に出る。行ってみるとニュージーランドでも福島でも，われわれが調査した川では雌しか捕れない（雄が捕れる川ももちろんあるはず）。未分化生殖腺の mRNA 発現を調べても，雌雄のパターンの違いは明瞭には見えてこない。あまりにも謎すぎる魚である。遺伝的性がないのかもしれない。このような疑問に対して，ひとつひとつのテーマの解決を目指し，一人ひとりの学生がそれぞれのテーマを担って研究に就くことになる。私もかつてはその一人だった。しかし，この話はとても長くなりそうなので次の機会を求めたい。

【参考文献】

- 魚類学　矢部衛・桑村哲生・都木靖彰編（2017）：第 14 章 生殖，恒星社厚生閣，p.155−178.
- 小林牧人，足立伸次（2013）：生殖，増補改訂版 魚類生理学の基礎（会田勝美編），恒星社厚生閣，p.149−183.
- Yamamoto K. and Yamauchi K. 1974. Sexual maturation of Japanese eel and production of eel larvae in the aquarium. Nature 251, 220−222.

第5章 水中で身体測定
画像処理技術で魚の成長を把握する

米山 和良

　水産の世界に身を置く私は，魚を見るのも食べるのも大好きだ。魚に関わる仕事をさせてもらっている関係で，漁村をたびたび訪れる機会がある。その際には，必ずその地域の魚を味わうべく食堂を探したり，小売店に並んでいる魚を眺めたりする。水揚げされる魚や魚屋さんの店頭に季節を感じながら，美味しい魚を獲ってくれる漁師さんにいつも感謝している。

　ところで，魚の王様と称されるマダイの旬はいつだかご存知だろうか。多くの魚は食べておいしい時期があったり，接岸する季節があったりする。春には鮮やかなピンク色をした桜鯛，秋に来遊する秋太郎，年末年始に欠かせないまるまると太った寒鰤など，漁業は旬のものを提供してくれる。そしてその時期が過ぎてしまえば，次のシーズンの到来を心待ちにするのである。

　ところが，ブリやマダイは一年中，食卓に並ぶ。ちょっと高いがクロマグロもお寿司屋さんへ行けばいつでも食べられるし，ウナギも土用の丑の日には必ず市場に出回る。これは計画的に生産できる養殖が盛んに行われるようになったからだ。たとえば，2017年の統計によると，マダイの水揚げ量は7万7900トンで，そのうち養殖マダイが6万2700トンと8割以上を占めている。養殖生簀の多くは波の穏やかな湾内や沿岸に設置されていて，容易に給餌や水揚げができる場所にある。場合によっては陸上の屋内施設で養殖されていたりする。しばらく海が荒れて漁船の水揚げが少なくなってもお刺身やお寿司が食べられるのは，養殖業が普及しているからだといって差し支えないだろう。刺身として食べられるような品質で，必要量を安定的に供給できるのが養殖の特徴といってもよい。餌料となる魚を，本来はヒトが食べるはずだった水揚げから

図 5.1 秋の到来を教えてくれる秋太郎（鹿児島県の地方名で，正式名称はバショウカジキ）。夏が終わるころから晩秋にかけて九州の東シナ海沿岸に来遊し，流し網や定置網で漁獲される。脂がのっていて絶品。鹿児島県ではよく食べられている。私がバショウカジキの研究に携わっていたことから，お世話になっている漁師さんが私の誕生日に獲れた秋太郎の写真を送ってくださった。

供給している部分もあり，現状の生産過程に課題はあるものの，養殖業が今後も漁業生産のなかで重要な位置を占め続けることは間違いないだろう。

職人技で養魚管理

　海辺に足を運ぶとよく見られる網生簀を使った養殖は日本の沿岸域に広く普及している。漁業者が捕獲したり陸上施設で育てられた稚魚を種苗と呼び，これを生簀に放して養成する。種苗を餌付けすることで成長させ，付加価値をつけて出荷するのが一般的な養殖の生産過程だ。ところで，対象とする養殖種が産卵する時期はおおよそ決まっているため，種苗が出回る時期もだいたい決まってくる。それをいっせいに育てると出荷時期もみな一緒になってしまう可能性がある。そうなると，大量に出回って価格は下がるし，出荷に適したサイズの魚を一年を通じて供給することができない。だから，計画的に生産して出荷するためには，成長度合いをつねに把握しなければならないので，養魚の管理が必要になる。つねに大きさを把握しながら，いつ出荷しようかと見通しをたてて餌をやり，成長速度を調整する。養殖業では餌代が大きなコストとなっ

◆ 第 5 章 ◆ 水中で身体測定：画像処理技術で魚の成長を把握する　57

図 5.2　網生簀を泳ぐ養殖マダイ。この写真では表層に浮いて遊泳しているが，深さ 8 m の網底を遊泳することがほとんどだ。みなさんは見た目で体重を推定できるだろうか？

ているので，むだがないように，水温，養魚の大きさ，活性を見ながら餌の量を調整する。生産者は水面下を泳ぐ養魚を見て，長年培ってきた経験則でその成長を把握している。これが見事に的を射ているから，素人の私には驚きだ。たとえば，私がお世話になっている養殖クロマグロ生産者は，出荷サイズに合った魚を狙って生簀から釣獲していた。これがおおよそ宣言したとおりのサイズで，その職人技にとても驚いた記憶がいまでも強く残っている。

　ところが，あるマダイ養殖業者は手網で直接養魚をすくって魚体長を計測していた。見た目で大きさを判断するのはやっぱり難しいらしい。手網で一度に複数個体をすくうと，背びれの棘が他の魚体に刺さって傷つける可能性があるし，とくに目に刺さると白濁することもあるので，できれば手網を使った魚体長計測は避けたいそうだ。にもかかわらずこの方法を続けるのは，養魚管理を確実にやったほうが経営上よいからという理由による。魚体長を把握すること

が養殖業にとってどれだけ重要なのかがわかる。

　そこで，生産者から依頼されたこともあって，養魚の成長を把握できる装置をつくれないかと考えた。長年にわたって培われた経験則を目の当たりにしていたので，とても恐れ多かったが，我々のような研究者も，飼育している試験魚の成長過程を追跡することや，どうしても触れることのできない魚の体長測定が必要になる場面がよくある。そんなときのためにも，市販のデジタルカメラやアクションカメラで，接触せずに養魚の魚体長を計測できる装置をつくることにした。

光学カメラで画像計測：ステレオビジョン

　水中カメラを生簀に入れてマダイを撮影することにしよう。さて，得られた画像からマダイの魚体長を計測するにはどうすればよいか。単純に考えれば，画像上のマダイの魚体長が何ピクセルで，1ピクセルが何mmに相当するのかを調べる方法が思い浮かぶ。しかし，カメラから遠くにいるマダイと近くにいるマダイでは，両個体が同じ大きさだったとしても，近くにいるマダイのほうが大きく写るので，この方法は適切ではなさそうだ。たとえば網でトンネルをつくって養魚を通過させるなどの工夫をして，奥行き方向を限定すれば計測できそうだが，とても大がかりな作業になってしまう。ひとつのカメラによる体長計測は難しそうである。

　ヒトが2つの目で奥行きを認識しているように，光学カメラでも2つ以上の視点から対象物を撮影すれば立体視が可能だ。視点の異なるカメラ画像から3次元情報を復元することをステレオビジョンと呼ぶ。養魚の魚体長を計測するため，ステレオビジョンで立体視してみる。簡単に言えば図5.3のような三辺測量の原理で3次元位置を推定できる。計測したい点が左右の画像上のどの位置に該当するのかを調べて，左右それぞれの視線を計算する。左右の視線が交差する点が対象の3次元位置として推定される。図において，左画像上の右カメラの視線，右画像上の左カメラの視線はそれぞれエピポーラ線と呼ばれる。

　ステレオビジョンでは，カメラの焦点距離や画像中心，画素の間隔などの情

◆ 第 5 章 ◆ 水中で身体測定：画像処理技術で魚の成長を把握する　59

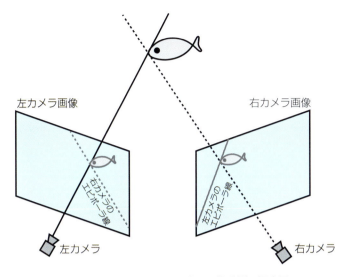

図 5.3　ステレオカメラによる画像計測の概念図

報からなる内部パラメータと，カメラの位置や姿勢からなる外部パラメータによって，対象物と画像上の位置が関係づけられる．これらの関係を明らかにするために，カメラキャリブレーションと呼ばれる画像較正を行う．簡単に言えば，外寸が既知である物体を 2 つの固定されたカメラで撮影し，3 次元位置を推定するために必要な内部パラメータ，外部パラメータを計算するのである．水中と空中では光の屈折率が異なるので，水中で計測する場合は水中でキャリブレーションを行う必要がある．そのため，図 5.4 左のような外寸が既知である大きな金属フレームを海中に沈めて，これを図 5.4 右に示す金属フレームの両端に 2 つのカメラを固定したステレオカメラで水中撮影し，内部パラメータと外部パラメータを計算する．

　水中で撮影された金属フレーム画像の一例が図 5.5 である．右画像の線は，左画像における金属フレームの特徴点（赤，白，黒）に対応する視線（エピポーラ線）を右画像に描画したものになる．左画像から延びるエピポーラ線が，対応する特徴点を通過しているのがわかり，三辺測量されているのがイメージできると思う．

　ところで，ステレオビジョンでは，左右のカメラで撮影された 2 つの画像を

図 5.4　カメラキャリブレーションに使用する金属フレーム（左），アクションカメラでつくったステレオカメラ（右）

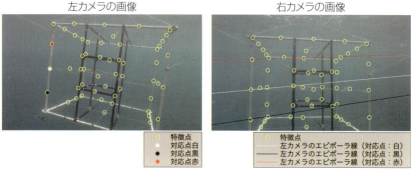

図 5.5　金属フレームの画像とエピポーラ線

用いるが，魚のように動く物体を対象とする場合，これらは同時に撮影されなければならない。なぜなら，1秒の時差で撮影されたとすると，魚は泳いでいるので，左右のカメラ画像に写る魚の位置は1秒分だけずれてしまう。これでは正確な体長計測ができない。だから2つのカメラは時刻同期していなければならない。しかし，市販のデジタルカメラやアクションカメラどうしを接続して同期するのは難しい。そのような機能が備わっている防水カメラは市販されていないし，とくに海中では電波が遮断され，通信による時刻同期もできないのだ。改良を加えてケーブルでつなぐにはコストがかかる。そこで，我々はデジタルカメラやアクションカメラに備え付けられている動画撮影機能に着目し

た．動画には音声も録音されるので，何か目立った音を意図的に記録させてタイムマーカーとし，それを基準に左右のカメラの時間差を修正すればよい．さらに，動画だと1秒間に60枚もの画像が得られるので，解析する画像を選定する作業は大変だが，ベストショットが撮れる可能性も高くなる．

カメラキャリブレーションが無事に終われば，あとはステレオカメラで写したものは何でもその3次元位置を計測できる．マダイの魚体長（尾叉長）を計測したければ，図5.6のように吻端と尾鰭の切れ目の3次元位置を計測して，2点間距離を計算するだけである．魚は尾鰭を振るため，また画像計測には多少の誤差はつきものなので，複数回計測して平均をとることによって正しい魚体長を推定する．

魚体長の計測なら吻端と尾鰭の2点を測ってしまえば目的は達成される．しかし，やろうと思えば力わざですべての画像ピクセルを3次元情報に復元することもでき，これを3次元点群処理と呼ぶ（図5.7）．現在，私の研究室ではメンバーをステレオカメラで撮影して3次元点群処理で3Dモデルをつくるのが流行っている．向上心を持ってステレオビジョンを学ぶ姿勢には感心しているのだが，対象を魚に向けてほしいところだ．

図5.6 魚体長計測解析画面の一例．吻端と尾鰭を特徴点として検出して，3次元空間上の長さを測る．

図 5.7 2 枚の画像のすべての画像ピクセル情報から 3 次元位置を計算することによって 3 次元点群として対象を復元することも可能だ。

養殖マダイの身体測定

　画像計測の準備は整ったので，マダイの生簀にカメラを沈めて養魚を計測してみた。ただ計測するだけでは何も評価できないので，マダイ養殖の生産者にお願いして，従来から行っている手網による捕獲計測もあわせて実施してもらった。4 つの生簀 A〜D を対象に画像計測，手網計測それぞれ 20 個体前後をサンプリングして行ったところ，図 5.8 の箱ひげ図が出来上がった。ご覧のとおり，どの生簀も画像計測の中央値は従来の捕獲計測に近い値を示した。統計学的な差も確認されず，画像計測が捕獲計測と比べて遜色ないことがわかる。

　ところで B，C の生簀では画像計測の計測範囲が捕獲計測よりも広い。ばらつきについても統計学的な差は確認されなかったのだが，もしそのような傾向があるとするならば，手網による捕獲計測は表層しかすくえないので偏ったサンプリングとなっていた可能性もある。画像計測は生簀のなかを広く見ることができるため，手網では捕獲できなかった小型，大型個体も計測している可能性は高い。とくに冬になると活性が下がって，給餌の際も養魚が水面に浮いて

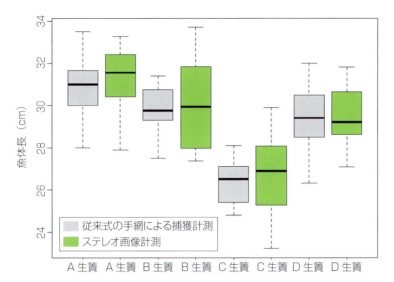

図5.8 4つの生簀で従来式の捕獲計測と画像計測を比較した結果。箱ひげ図は，箱中央の黒い太線が中央値，箱の上端，下端がそれぞれ75％，25％点，点線で伸びているひげの上端が最大値，下端が最小値を示す。

こないことはしばしばあるという。ステレオビジョンは接触せずに魚体長を計測できるだけでなく，表層に現れない魚を積極的に計測しに行くことができる点でも優れている。

体重を測る

　画像計測で魚の大きさを計測することができた。ところで，魚の価格は魚体長ではなく，重量で決まる。魚体長を計測したところで，体重を把握できなければ，水揚げしたときの価値はわからない。そこで使用されるのが体重推定式だ。

　魚は孵化したての孵化仔魚から徐々に形を変えて，稚魚のころには成魚と同じ見た目・形に成長する。縦横比は成長しても大きく変わらないため，魚体長を x とすると，体重 y は $y = ax^b$ で表現できる。ここで，a，b にはその魚種に対応した値を設定する。過去の研究で，マダイやクロマグロをはじめとするさ

まざまな魚の体重推定式が明らかにされている。

今後の目指すところ

　生産者の「あったらいいな」の声で始めた，画像処理技術を使った魚体長計測。実は魚の行動計測にも応用している。魚とヒトは意思疎通ができないから，魚たちの意思は行動から推定するほかない。実際に，養成環境が悪くなれば，通常では見せない動きもするだろう。養殖施設や養成環境の良し悪しは成長や生残率で評価されることが多いのだが，試験結果を待たなければならない。それを行動から評価できれば，短期的な観察で済むため，改善へ向けたフィードバックがすぐにできるかもしれない。

　ステレオカメラで撮影した動画から得られる養魚吻端の3次元位置をフレーム毎（時間毎）につなげていくと3次元遊泳軌跡になる。発信機や記録計をつけて水生生物の行動をつまびらかに計測できるバイオテレメトリー，バイオロギングは私も利用しているが，画像計測でも同じことができるのだ（図5.9，図5.10）。事の始まりは「種苗の行動を3次元行動計測してほしい」との依頼

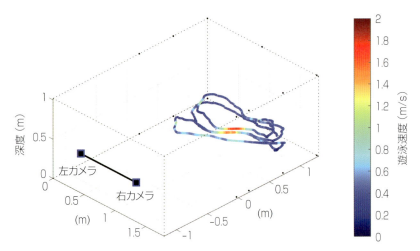

図 5.9　PCがステレオカメラで撮影された画像上のマサバを自動追尾して計測した3次元遊泳軌跡

◆ 第 5 章 ◆ 水中で身体測定：画像処理技術で魚の成長を把握する 65

整然と群れをなす

各々の個体がさまざまな方向に遊泳

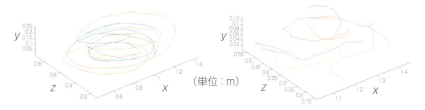

図 5.10 ステレオビジョンで可視化したマサバ（左）とマアジ（右）の魚群の遊泳軌跡。線の色の違いは個体の違いを表す。

であった．人差し指サイズの種苗に同じ大きさの記録計を付けることは考えられない．そこで，非接触・無負荷の画像計測でなんとかできないかと思ったのである．詳細は省くが，画像上の魚を PC に認識させて自動追跡したり（図5.9），魚群行動の計測に応用している（図 5.10）．壁を避けるために旋回を開始する距離や，群れで泳ぐときに他個体と保つ間隔を把握できるので，魚の視点から考える養殖施設の設計や，収容密度の算定にも役立ちそうだ．接触のない画像計測なので，とくに小さい魚の行動研究に威力を発揮している．

　工学・情報学の分野では画像計測・画像処理は講義で習うものだろうが，農学水産系大学出身の私はそのような講義に出合えなかった．画像を使ってどのように計算すれば計測できるのか手探り状態で始めたし，そのようなことを専門に研究を進める水産研究者は多くない．養殖を含む漁業生産過程においてセンシングや画像処理といった情報処理技術はまだ普及する余地があり，開発途上にあると考えている．今日，画像処理技術や情報通信技術を用いた研究，成長著しい機械学習を駆使した研究が目覚ましい勢いで発展している．とくに水中での計測にはさまざまな制約や制限があるため，研究，開発の余地は大いにある．今後もチャレンジしていきたい．

第6章 動物が好きな人へ
行動生態学をヤドカリで紹介する

和田 哲

　動物が好きな人とは普通，DNA の塩基配列が好きな人のことではない。犬や猫と触れ合ったり，魚を飼育したり，昆虫や貝の採集をしたりするのが好きな人のことだろう。そんな人たちにとって夢のような学問がある。動物をじっくり観察して，その動物がなぜそんな行動をしたのか仮説を立て，検証する学問。**行動生態学**だ。

　僕は，おもに海岸のヤドカリを調べている生態学者だ。大学の教員なので，授業をしたり，会議に出たりしなければならないが，本当は研究活動のほうが好きだ。調査地である葛登支岬周辺の海岸（図 6.1）に出かけたり，採ってき

図 6.1　函館湾西岸の葛登支岬周辺の海岸で調査。対岸に見えるのは函館山。（山崎歩美さん撮影）

た動物を飼育して実験したり，論文を読んだり書いたり。でも最近はなかなか時間がとれないから，研究室の大学生や大学院生から研究の楽しみを分けてもらっている。ちなみに，この原稿を書き始めた2017年度，僕たちの研究室では，ヤドカリ以外に，魚，クラゲ，巻貝，カニ，フジツボ，そして昆虫の行動や生態を学生や院生たちが研究していた。2018年度には，ほ乳類（エゾリス）の卒業研究も始めた。こういったいろいろな動物の研究計画を相談したり，データ解析や論文執筆に力添えをして，論文が完成したら一緒に喜ぶ。それが，いまの僕にとって大きな楽しみである。もちろん自分の研究をやめたつもりはないけれど。

　この章では，読者のみなさんに行動生態学の楽しさを伝えたい。そこで，僕たちが研究しているヤドカリの行動の一端を，行動生態学の基本的な考え方に関する説明も交えながら，紹介することにしよう。

解説　生態学，そして行動生態学とはどんな学問か

　みなさんは，生態学（英語では ecology）とはどんな学問だと思っているだろうか。たとえば，ライオンの生態というと「どのように餌を捕まえて，群れは何頭くらいで…」などといったライオンの暮らし方が頭をよぎるかもしれない。一方，eco とか ecology というと，自然保護や環境問題を思い浮かべる人が多いだろう。このように，「生態」は生物，「ecology」は環境をイメージさせる言葉といえるが，実際の生態学は，これら2つのイメージを合わせた学問だ。

　生態学とは「生物」と「環境」の相互作用を解明する学問と定義できる。ここで「生物」とは個体，家族，群れ，個体群（同じ地域に棲む同一種の集団），群集（同じ地域に棲む複数種の集団）のうちのいずれかを指す。「環境」は「生物」を取り巻くものを指し，温度，塩分などの物理・化学条件以外に，他の生物も含まれる。たとえば，個体を「生物」として研究するときは，兄弟や親子，同性個体や異性個体も環境の一部である。「生物」と「環境」が影響を及ぼし合うことを相互作用という。

　行動生態学は個体をおもな対象とした生態学だ。捕食者による餌の捕まえ方や，被食者による防衛行動，親子関係や，メスをめぐるオス同士の闘いなどは，すべて「生物と環境の相互作用」であり，行動生態学における研究対象である。

図 6.2 テナガホンヤドカリの交尾前ガードペア。大きいのがオスで、メスが入った貝殻を左鋏脚でつかんで持ち歩いている。(戸梶裕樹さん撮影)

オスがメスを連れて歩く：交尾前ガード行動

　葛登支にはホンヤドカリ，ヨモギホンヤドカリ，テナガホンヤドカリ，ケアシホンヤドカリ，ユビナガホンヤドカリ，イクビホンヤドカリ，ホシゾラホンヤドカリがいる。名前のとおり，これらは全部ホンヤドカリ属の種だ。僕たちの研究室では末尾の「ホンヤドカリ」を省略して，**ヨモギ**，**テナガ**などと呼び，ホンヤドカリを**ホンヤド**と呼ぶ。さて，海岸で観察していると，オスが左鋏脚（小さなハサミ）でメスの背負っている貝殻をつまんで持ち歩いているペアを見つけることがある（図 6.2）。このペアを採集して飼育すると，たいてい 2〜3 日以内に交尾をすませてメスが産卵する。つまり，オスは交尾間近なメスを持ち歩いているのだ。これを**交尾前ガード行動**という。

　オスは，メスを交尾相手（配偶者）としてガードするわけだから，交尾前

ガード行動を詳しく調べれば，オスがどんなメスを選ぶのかわかりそうだ。それに，オスが交尾前ガードペアと出合うと，しばしばメスをめぐる闘いになる。これらの行動を実験条件下で観察して，ヤドカリがどのような情報を利用して行動を決めているのかを探ることが，僕たちの研究テーマの一つだ。

オスがメスを選ぶ：配偶者選択

　ここでは，オスがどんなメスを選ぶのかを調べた実験について紹介しよう。海岸で交尾前ガードペアをたくさん採集して，オスとメスを引き離す。このオスを，別のオスから引き離した2個体のメスと同じ水槽に入れて，どちらのメスを選ぶのかを観察するという配偶者選択実験である。この実験を何度も繰り返して，オスがどんなメスを選ぶか，その傾向を調べるのだ。このとき，いろいろな仮説が考えられる。最も単純な仮説は，オスは最初に出合ったメスをガードするという仮説だろう。産卵間近のメスの性フェロモンを感知したら交尾前ガード行動を実行するという仕組みしかオスが持っておらず，どちらのメスが良いかという相対評価をしないならば，この仮説が正しいはずだ。でも実際には，この仮説は間違っていた。オスはちゃんとメスを選ぶのだ。

　あとで僕たちが立てた別の仮説を紹介するけれど，その前にヨモギの行動の動画を紹介しよう。配偶者選択実験でオスが示した行動の一例は左下のコードで。併記したURLも利用できる。ヨモギのオスは，どちらのメスをガードするか即断即決することも多い。けれども，この動画ではオスが悩んだ挙句メスを選んだようだと，みなさんにも感じられたことだろう。オスどうしのメスをめぐる闘争は右下のコードとURLから。こちらもぜひ見てほしい。

21.0 MB
www.kaibundo.jp/hokusui/yomogi1.mp4
ヨモギの配偶者選択

5.66 MB
www.kaibundo.jp/hokusui/yomogi2.mp4
ヨモギのオスどうしの闘争

さて，配偶者選択実験の結果は明白だった。ヨモギのメスは交尾・産卵直前に必ず脱皮するのだが，ヨモギのオスは脱皮までの日数が短いほうのメスを高い確率で選んだ。一方，別種のテナガのオスは大きなメスを選んだ。図 6.3 を見てほしい。まず縦軸の「選んだメス」は配偶者選択の結果を表している。2 個体のうち大きいほうのメスを選んだ場合は大，小さいメスを選んだ場合は小である。2 本の横軸のうち「メスの体長差」は，大きいメスの体長から小さいメスの体長を引き算した差である。一方，「メスの日数差」とは，実験日から大きいメスの脱皮日までの日数から小さいメスが脱皮した日までの日数を引き算した差である（テナガのメスは脱皮しないので，産卵日までの日数差）。ヨモギとテナガの 3D グラフをぱっと見ただけで，2 種の傾向が大きく異なり，それぞれが 2 本の横軸のうち，片方の横軸に沿って配偶者選択の結果が大きく変化する傾向を示していることがわかるだろう。なお，ここでは大型オスの結果だけを記している。

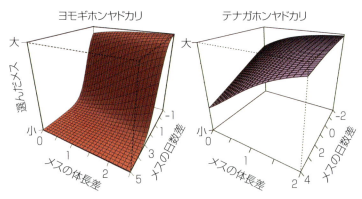

図 6.3 ヨモギホンヤドカリとテナガホンヤドカリの配偶者選択実験の結果。

じつはテナガの小さなオスは，体の大きさと産卵までの日数の両方を基準としてメスを選ぶ。そのため，図 6.3 のヨモギとテナガのグラフの中間型のグラフとなる。また，ホンヤドのオスで同じ実験をしたところ，明確な傾向を見いだすことはできなかった。ヨモギもテナガもホンヤドも，ほぼ同じ場所に棲む近縁種だ。それなのに配偶者選択実験の結果が違うのは，とても不思議だ。

さて，この実験で僕たちが立てていた仮説を紹介しよう。それは，オスが脱皮や交尾・産卵までの日数が短いほうのメスを選ぶという仮説と，体の大きなメスを選ぶという仮説だった。実験結果がわかってから立てた仮説じゃないかって？　そんなことはない。これらの仮説を検証するつもりだったからこそ，僕たちは実験の後もペアを飼育し続けて脱皮や産卵までの日数を記録したのだし，その後で体の大きさを測定して，それらを統計解析に使用したのだ。3種の傾向がまったく違うことは予想していなかったけれど，日数や大きさが決め手になるだろうという仮説を立てていて，それがヨモギとテナガでは部分的に当たっていたのだ。では，なぜこのような仮説を考えたのか。少し話が脱線するけれど，**行動生態学の考え方の説明**も兼ねて，その理由を説明しよう。

　オスがメスをガードする理由の一つとして「産卵間近なメスを見つけたからガードした」という理由が挙げられる。詳しく言えば，目でメスを発見して，触角でメスの性フェロモンを感知した結果，オスのなかに仕組まれている「ガード行動を引き起こすスイッチ」が入ったからメスをガードしたのだ，といった説明になる。オスがガード行動を起こす遺伝子を持っているからという説明も考えられる。このような，行動を説明する**生理学的，遺伝学的な仕組み**のことを**至近要因**という。一方，別の視点に立った，もう一つの理由として「交尾して多くの子孫を残すためにガードした」という理由も考えられる。この理由が至近要因と異なるのは，進化を明確に前提としている点だ。つまり

1. 長い進化のなかでは，まれに新しい性質を持つ個体が生まれる。
2. 同じ種の他個体が持つ性質よりも多くの子孫を残すために役立つ性質を持つ個体が生まれたら，そのような性質を持つ個体の割合は，世代を経るにつれて徐々に増えていくだろう。
3. 生物が誕生して以来の進化の結果として，現在の生物は，子孫を多く残すという点で優れた機能を持つ性質をたくさん身につけているはずだ。このような優れた機能を持つ性質は**環境に適応している**といわれる。
4. ヤドカリのガード行動も進化の結果であり，交尾に成功して多くの子孫を残す上で優れた機能を持つ行動だろう。

このような，ある行動を説明する環境への適応（多くの子孫を残すための機能），言いかえればある行動が進化した理由のことを究極要因という。至近要因と究極要因は，同じ行動に関する問いに別々の視点から答えたものであり，片方が正しければ，もう片方が間違いというものではない。また片方が解明されれば，もう片方も解明されるというものでもない。動物の行動を理解するためには，どちらの視点も必要だ。そして行動生態学は，おもに究極要因の解明を目指して研究する学問だ。

先ほど挙げた配偶者選択の2つの仮説，オスが脱皮や産卵までの日数が短いほうのメスを選ぶという仮説と，大きなメスを選ぶという仮説の話に戻ろう。これらの仮説は，オスがガードする究極要因が「交尾に成功して，多くの子孫を残すこと」であることを前提とした仮説である。まず，1個体のメスに費やすガードの日数が短いほど，オスは繁殖期中に多くのメスと交尾できる確率が高くなるだろう。また，大きなメスほど産卵数が多いので，大きなメスを選ぶオスは一度の交尾で多くの子を残せるだろう。したがって，脱皮や産卵までの日数が短いメスや，大きなメスを選ぶオスは，環境に適応した行動を示すオスとして，長い進化のなかで多数派になっていることが期待できる。これらは「オスはなぜメスを選ぶのか」という配偶者選択の究極要因に関する仮説である。これらの仮説は，いかにも正しそうな仮説だが，本当に正しいとは限らない。今回の3種の実験はどれも，2つの仮説が両方とも正しいという結果にはならなかった。それぞれの種が持っている他の性質や環境（同種や他種のヤドカリを含む）についてもっと詳しく考えれば，なぜこのような結果になったのかを突き止めることができるかもしれない。このように，行動生態学は，他の自然科学と同じように，自然を観察して仮説を立てて実証して，また観察を加えて新しい仮説を立てて実証するという繰り返しを通して，少しずつ新知見が解明されて，発展していくのである。

研究室の日常

　研究成果は，論文という形で学術雑誌に掲載される。だから研究者にとって論文を読むことは研究の最前線を知るために重要だ。けど，それだけじゃない。僕たちは楽しむためにも論文を読む。これが授業に役立つことも多い。

　「和田さん，面白い論文見つけましたよ! 手がシワシワ論文です」

　りったがニコニコしながら僕のところにやってきた。彼女は楽しい論文をたくさん紹介してくれる研究室随一の論文読者だ。

　「人間の手足って，お風呂に入るとシワシワにふやけるじゃないですか。そのふやける究極要因を調べた研究です。この論文です（Kareklas ら，2013）」

　「どれどれ。へえー，シワシワになるのは人体の能動的なプロセスなのか…。うん，能動的なプロセスでシワシワになるということは，それが人間にとって何か重要な機能を果たしているからだろうという着想で研究したんだね」

　「そうなんです。言われてみれば，手のひらや足の裏はシワシワになりますけど，お腹とか肩とかはシワシワになりませんもんね。単に肌から水が入って「ふやける」のなら，皮膚はどこでもシワシワになりそうなものなのに」

　「なるほど。それで，どんな仮説を検証したの?」

　「シワシワの手が濡れた物をつかむのに適しているっていう仮説です。実験方法が面白いんですよ。お皿から別のお皿に，いろんな大きさのビー玉と釣り用のおもりを指でつまんで1個ずつ移していくっていう実験なんです。それで，被験者に 30 分間，ボウルに入ったお湯に手を浸けてシワシワになってもらってからこの実験をしたときと，手が普通の状態で実験したときを比べているんです」

　「ん? それだけだと，なにを調べてるのかわからないな」

　「あ，説明不足ですね。ビー玉についても，乾いているときと水中に沈めてあるときっていう2つの条件があるんです。それで，実験の結果は，予想どおり，水中のビー玉を移すときはシワシワの手のほうが早く移すことができるんです。乾いたビー玉の場合は，どちらの手でも同じくらいの時間です。このグラフです」

　……

　「ありがとう! 面白かった。今度の授業で使わせてもらおうっと!」

　「え? なんの授業ですか? これ，ヒトは水辺で進化したっていう仮説を支持する論文だと思いますけど，そんなことを話す授業ってありましたっけ?」

　「実験統計学。この実験，面白いし，簡単な対応2試料のt検定で，授業の例題にぴったりだからね」

　「ああ，なるほど。統計の授業ですか!」

行動の謎とき：なぜホンヤドカリはやる気がないのか

　先ほど，ホンヤドの配偶者選択実験では傾向を見いだすことができなかったと述べたが，そもそもホンヤドのオスはやる気がない。オスが2個体のメス（海岸で他のオスがガードしていたメスだ）と出合っても，どちらもガードしなかったり，オスがペアと出合ってメスを奪っても，そのままガードせずに去っていくことがあるほどだ。このやる気のなさは動画でなければ納得してもらえないだろうから，以下で見てほしい。

8.48 MB
www.kaibundo.jp/hokusui/honyado1.mp4
ガードしないホンヤドのオス

12.9 MB
www.kaibundo.jp/hokusui/honyado2.mp4
勝ってもガードしないホンヤドのオス

　さて，これらの行動の究極要因はなんだろうか。そもそも，これらは「子孫を多く残す上で機能的な行動」だと言えるのだろうか。

　院生のゆうたんは，なぜメスをガードしないオスがいるのかを詳しく調べた。その結果，いくつかの理由がわかってきた。まず，海岸でメスをガードしていなかったオスを2個体のメスと出合わせる実験では，数日以内に脱皮するオスがメスをガードしない傾向が見つかった。また，小さなオスほどガードしない傾向も見られた。どうやらホンヤドのオスは，自分が成長しようとしているときは繁殖を控えるようである。オスにとって，成長することは将来の繁殖で成功するために重要である。まず，オスは自分よりも大きなメスをガードするのが難しい。小さなオスがガードできるのは，産卵数が少ない小さなメスだけである。さらに，オスがメスをめぐって闘うとき，大きなオスのほうが有利である。逆に言えば，いま目の前にいるメスをガードしても，交尾する前に他のオスにメスを奪われてしまう確率が，小さなオスほど高い。体が大きくなれば，オスは大きなメスをガードできて，しかも交尾できる確率も上がるのだ。

　また，ホンヤドのオスのなかには，海岸ではメスをガードしていたのに，実

験室で別の2個体のメスと出合っても，それらをガードしないオスもいた。それらのオスには，海岸でガードしていたメスが大きいメスだったという傾向があったが，前のメスが小さくても新しいメスをガードしないオスもいた。僕たちが，海岸でガードペアだったオスとメスを実験直前に引き離したために，オスは，新しいメスをガードするよりも，それまでガードしていたメスを探すことを優先したのかもしれない。

　いや，考えてみれば，オスとメスをピンセットで引き離すという実験操作は，ヤドカリの進化史上めったに起こらない出来事であり，そんな出来事に対してオスが適応しているはずがない。擬人的に言えば，宇宙人に彼女をさらわれるような理解しがたい現象に違いない。そこで，ゆうたんは「自然な別れ方で実験してみましょう」と提案してきた。彼女は，他のオスに負けてメスを奪われたり，メスと交尾して，メスが産卵したためにガードをやめるという「自然な別れ方」であれば，オスは新しいメスをガードするだろうと考えたのだ。そこで「自然な別れ方」でメスと別れたオスを，別の2個体のメスと出合わせてみたところ，ほとんどのオスがメスをガードした。どうやら実験操作による「不自然な別れ方」も，オスがガードしない理由だったようだ。もっとも，ヨモギやテナガのオスは「不自然な別れ方」をしても，すぐに新しいメスを選ぶので，なぜホンヤドのオスが義理堅いのかは，依然として謎である。

　最後に，ガードペアに出合ったオスが闘いを仕掛けて，メスを奪い取ったのに，そのメスをガードしないという行動は，どのように考えればよいのだろうか。これも，実験という特殊な状況だからこそ生じた「不自然な行動」なのだろうか。けれども，じつはこれは海岸でも観察される行動なのである。それどころか，オスはメスをガードしている最中に他のペアと出合った場合でも，闘って相手のメスを奪おうとすることがある。そして，闘ってメスを奪っても，そのメスをガードせずに，もともとガードしていたメスと一緒に立ち去ることまである。この行動は，ホンヤドだけでなく，テナガでも観察される。擬人的に言えば，デート中に他のカップルと出会ったとき，そのカップルを別れさせておきながら，自分はもとの相手と一緒に立ち去るという行為である。これは人として最低の行為だが，相手はヤドカリなので憤っても仕方がない。

きっと，ヤドカリには理由があるのだ。

　僕たちは，ヤドカリのオスによるメスの評価では，メスの大きさや性フェロモンなどのメス自身の情報だけでなく，他のオスの行動も情報として利用しているという仮説を立てて，実験によって検証した。けれども，そろそろ紙面が尽きてしまうので，このことについては，また別の機会に詳しく説明したい。

行動生態学の魅力

　動物の行動はテレビやネット動画の「趣味・娯楽の対象」であって，「研究」するものではないと思っている人が多い。けれども，じつは生物学のなかで大きな研究領域となっている。遺伝学，神経生理学，心理学，そして生態学など，動物の行動を研究する分野はたくさんある。観察するだけでも楽しいけれど，研究すればもっと楽しい。僕たちが昼夜を問わず熱心に研究しているのは，動物の行動を研究するのが楽しいからだ。しかも役に立つ。農業，畜産業，そして水産業の現場を思い浮かべてみればわかるだろう。昆虫から作物を守ったり，牛や羊を育てたり，あるいは海や川で魚を獲ったりするためには，それらの動物がどんな行動をするのか，きちんとわかっていなければならない。絶滅の危機に瀕した動物を救う方法を考えたり，人間と野生動物がうまく付き合う方法を考えるためにも，行動生態学が役に立つ。

　この章では，行動生態学の楽しさを伝えるために，僕たちが研究しているヤドカリの行動の一端を，行動生態学の基本的な考え方に関する説明も交えながら紹介してきた。ヤドカリの魅力ももちろん感じてもらいたいが，行動生態学の魅力が少しでも伝わっていたら，とてもうれしい。昔に比べると，いまは動画を撮影して保存することが気軽にできるようになり，誰でも動物の行動を研究できるようになった。もっと多くの人が行動生態学の魅力に気づいてくれることを願っている。

【参考文献】

- Kareklas K, Nettle D, Smulders TV (2013) Water-induced finger wrinkles improve handling of wet objects. Biology Letters 9: 20120999

第7章　海面の凸凹は海の天気図

上野 洋路

海面の凸凹と天気図

　テレビの天気予報では，天気図を見ながら明日の天気の解説をするのが定番です。昔に比べて出番は少なくなりましたが，ほとんどの読者が天気図（大気の天気図）を目にしたことがあると思います。天気図を見ることで晴れか雨かを予想できるだけでなく，等圧線の向きや混み方から，風の向きや強さがわかります。この大気の天気図と似たような図を海についても書くことができます。その一つが海面の凸凹を表した図（海面高度マップ，図7.1）です。

　ここで言う海面の凸凹は，風波やうねり，さらには潮汐による海面の上下のことではなく，1週間平均しても，海域によっては100年平均しても残る海面の凸凹のことを指します。また，図7.1を見るときは，0m，1mなどの値そのものではなく，水平的な差や傾きだけに注目してください。

　図7.1から凸凹の大きさを読み取ってみると，多くの場合は数十cm程度，最大値と最小値の差でも2m程度です。多くのみなさんが，「それほど大きくはないな」という印象を持ったことと思います。しかし，海面は確かに凸凹していて，決して「水平」ではありません。また，この凸凹は流れの向きや強さと密接に関係していて，その関係は，まさに天気図における等圧線と風の関係と同じ。海面の凸凹は海の「天気」図と呼べる存在なのです。

　図7.1を見ると，北半分は青色が，南半分は赤色が多くの面積を占めていることがわかります。つまり，北半分では海面が低く，南半分では海面が高くなっていて，その境目には等高線が密集しています。この等高線密集帯，見覚えがある方も多いはずです。そう，黒潮です。黒潮は，台湾の東岸沖から東シ

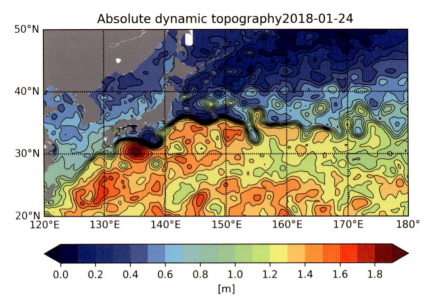

図7.1 2018年1月24日の海面高度マップ。単位はm。暖色は相対的に海面が高いこと，寒色は低いことを表す。
（データは http://marine.copernicus.eu からダウンロード）

ナ海を抜け，本州南岸を通り，さらに東向きに流れていきます。房総半島沖から東側では，黒潮続流と名前を変え，北緯35度付近を東に向かって流れていく様子が見て取れます。

　黒潮は世界で最も強い海流の一つです。英語でもそのまま使用されており，Kuroshio と呼ばれています。筆者は，初めて国際学会に参加したときに「クローシオ」と英語らしい発音になった黒潮を聞いて，何となくうれしかったように記憶しています。この黒潮の流路は船舶の運航や漁業に大きな影響を与えるため，海上保安庁は 1960 年から「海洋速報」として，黒潮の流路情報を提供してきました。海上保安庁はホームページ上に，「黒潮の流路の北縁は，次の項目を総合的に解析し，決定しています」と記載しています。1つ目の項目は，「巡視船，測量船，海洋短波レーダ，定置/漂流ブイ及び一般船舶で観測された海流データにより表面海流矢符図を作成し，概ね2ノットを越える海域」です。さまざまな観測手法が書いてありますが，簡単に言うと，船などで実際

◆ 第 7 章 ◆ 海面の凸凹は海の天気図　79

に計測した流速を用いて決めています。他の項を見てみますと，「衛星海面高度計データで急に海面勾配が大きくなる海域」との記述があります。まさに，図 7.1 に見られる等高線密集帯のことですね。

　天気図の話に戻りましょう。天気図に描かれているのは地上の等圧線です。海面の等高線は海面下の等圧線に対応します（「解説」参照）。大気や海洋など，流体が大規模に運動する際には，地球の自転に伴うコリオリの力が作用しますので，北半球では圧力が高いほうを右に見て流れます。このため，大気では高気圧を右に見て，海洋では海面が高い海域を右に見て流れます。たとえば日本南岸を東向きに流れる黒潮は，その右側（南側）の海面が高くなっています（図 7.1）。ただし，大気では地表面・海表面付近の摩擦の効果のため，風は等圧線に沿うのではなく，やや低圧側に向いて吹くことに注意が必要です。

海の「高気圧」「低気圧」

　大気には高気圧，低気圧が存在し，日々の天気を左右していることは，みなさんご存じと思います。日本付近では，春や秋に高気圧と低気圧が西から東に移動し，天気がめまぐるしく変わります。このような高気圧，低気圧が，海にも存在していて，高気圧性渦，低気圧性渦と呼ばれています。また，両者をまとめて海洋中規模渦といいます。

　もう一度，図 7.1 を見てください。黒潮続流の北側に海面高度の高い渦状の構造が見られます。これが高気圧性渦です。海面が高いことは海面下の圧力が高いことを意味（「解説」参照）しますので，大気の高気圧と同じ向き（北半球では時計回り）に回転しています（図 7.2）。また，黒潮続流の南側には，緑色で示された，周囲より海面がやや低い渦が見られます。これが低気圧性渦です。

　日本の東方海域に存在する中規模渦は，渦中心付近の水温から，暖水渦（暖水塊），冷水渦（冷水塊）と呼ばれることが多いです。このうち，暖水渦は海面が周囲より高い高気圧性渦であり，海面付近の海水は時計回りに回転しています（図 7.2）。暖水渦の海面が周囲より高いのは，暖水の密度が冷水の密度より

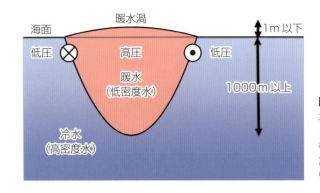

図 7.2
北半球における暖水渦（高気圧性渦）の断面の模式図。⊗は紙面に向かう流れ，⊙は紙面から出てくる流れを示す。

低いためであり，海水より密度の低い氷山の一部が海面上に出ているのと似た現象です。ただし，海水温の差による渦内外の密度差は，海水と氷山の密度差よりずっと小さいため，暖水渦の深さ方向への広がり（1000 m 以上）に対し，渦中心付近の海面上昇はごくわずか（1 m 以下）です。一方，氷山の場合，海面上に出る氷の体積は氷山の全体積の 10% 程度あります。

海洋中規模渦：大気の高気圧・低気圧との違い

　海洋中規模渦には，大気の高気圧，低気圧と異なる点も数多くあります。筆者が考える最も重要な違いは，中心付近における上下方向への空気・海水の動きです。

　大気では，摩擦の効果のため，地表面・海表面付近の風は，低気圧では中心部に吹き込み，高気圧では周囲に吹き出します。それに伴って，低気圧中心部には上昇気流が存在し，雲ができて降水が起こりやすく，高気圧中心部には下降気流が存在して晴天になりやすいのです。このように，大気の高気圧・低気圧は天気を左右します。

　これに対して海洋中規模渦では，表層流速が大きい場合でも，海底付近の渦としての流れは非常に弱いものです。そのため，渦の流れと海底との摩擦の効果は極めて小さく，渦の回転方向と，中心付近の海水の上昇・下降に，決まった関係はありません。

　しかし，海洋中規模渦の内部とその周辺では，海水の上昇（湧昇），下降（沈

降）が盛んであることは，数多くの研究で指摘されています。海水の湧昇，沈降を盛んにするメカニズムは複数提案されており，渦の回転方向，渦の存在海域，さらには同じ渦でも形成直後か消滅直前かによって，どのメカニズムが支配的であるかが異なることがわかりつつあります。この点に関しては，現在でも世界中の研究者によって，精力的に研究が続けられています。

海洋中規模渦はなぜ重要？

　大気の高気圧・低気圧による日々の天気の変化は，長雨が続くと野菜が高騰するなど，農業を通じて私たちの食卓に大きな影響を与えています。また，目に直接見える形ではありませんが，低緯度域の熱を高緯度域に運ぶことによって低緯度域と高緯度域の気温差を小さくしたり，水蒸気の運搬を通じて地球上の水循環にも関係しています。

　一方，海洋中規模渦は，低緯度海域の熱を高緯度域に運んだり，塩分の異なる海水を運ぶことによって淡水循環に影響を及ぼしたりしています。また，植物プランクトンによって光合成が行われる海面付近（有光層）に栄養物質を供給することなどを通じて海洋生態系に影響を与えており，海の豊かさを決める大きな要因となっています。海の豊かさの一部を我々は水産物として利用しています。ですから，高気圧・低気圧ほど直接的ではありませんが，海洋中規模渦も私たちの食卓に関係しているのです。

おしょろ丸による海洋中規模渦観測

　北太平洋亜寒帯海域は，生物生産（植物プランクトンによる有機物の合成）が高く，水産資源が豊富で，世界でも有数の漁場を形成しています。生物生産はとくに沿岸域で高く，外洋域では相対的に低いのですが，海洋中規模渦が沿岸の栄養物質を外洋に輸送したり，亜表層（この場合，100〜200 m くらいの層を指します）の栄養物質を有光層に輸送したりすることにより，外洋にも高生産域が広がっていることが指摘されています。ただし，その研究の多くは東

部海域のアラスカ湾に限られており，我が国に隣接する中西部亜寒帯海域における渦の生物生産や海洋生態系への影響は明らかになっていません。

　そこで筆者らは，北太平洋中西部亜寒帯海域における海洋中規模渦の実態の把握と海洋生態系への影響を明らかにする目的で，衛星海面高度（海の凸凹）のデータ解析と並行して，北海道大学水産学部附属練習船おしょろ丸による現場観測を実施してきました。以下ではその成果の一部を紹介します。なお，筆者は，2009年4月に北海道大学大学院水産科学研究院に着任以降，2009年，2010年，2012年，2013年，2016年（図7.3），2017年のおしょろ丸北洋航海に乗船し，北太平洋亜寒帯海域，ベーリング海，さらにその北に位置して北極海の一部をなすチャクチ海の観測を実施してきました。海洋中規模渦の観測をメインターゲットとした航海は北太平洋西部亜寒帯海域の重点観測を実施した2016年のみですが，そのほかの年においても，アラスカへの往復の際に北太平

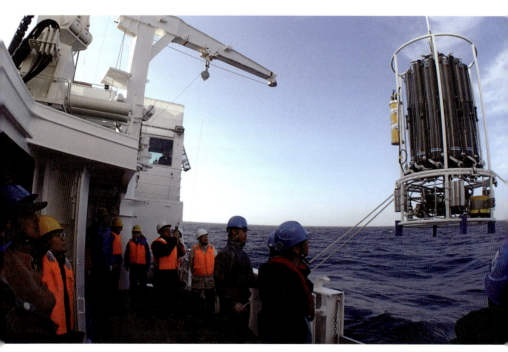

　図 7.3　おしょろ丸による海洋観測風景。右上の空中にある機器は，海洋中の水温，塩分，流速などを計測するセンサー類（下部）および採水ボトル（上部）。採水ボトルが開いているので海中への投入前。
　（2016年6月，北太平洋西部亜寒帯海域にて）

◆第 7 章 ◆ 海面の凸凹は海の天気図　83

洋亜寒帯海域の渦の横断観測を実施するなど，海洋中規模渦の観測研究を進めてきました。

　図 7.4 は，筆者が初めておしょろ丸に乗船した 2009 年 6 月の航海で観測した海洋中規模渦（キーナイ 2006）の断面などを示したものです。この中規模渦は，2006 年 12 月に米国アラスカ州キーナイ半島南方で形成され，アラスカ半島，アリューシャン列島に沿って西南西に移動したことが示されました。この渦は，2007 年 9 月に米国の研究者によって観測されていて，渦中心に高温

解説　海面の凸凹と流れ

　海面高度が急激に変わる海域に強い流れがあるメカニズムについて，簡単に紹介します。黒潮を北から南に（沖縄付近では北西から南東に）横断すると，図のように海面高度が急激に高くなります。海面下 10 m から数百 m 程度の水深に位置する「ある水平面」を考えると，その上部に載る海水の質量は，黒潮の北側で小さく，南側で大きくなります。「ある水平面」における圧力は，その上部に載る海水の質量で決まりますので，「ある水平面」では，黒潮の北側が低圧，南側が高圧になります。水平面上で圧力が異なると，高圧部から低圧部へ海水を動かそうとする力（圧力傾度力）が働きます。黒潮のような大規模な流れでは，この圧力傾度力と流れによるコリオリ力が釣り合った状態となっています。コリオリ力は，地球が自転していることによる力で，流れる方向に対して右側に働きますので，黒潮においては南向きに働きます。結果として，海面高度の違いはつねに保たれ，黒潮は流れ続けることになります。また，コリオリ力は速度に比例するので，圧力傾度力の大きい等高線密集帯に強い流れ，黒潮が流れているのです。

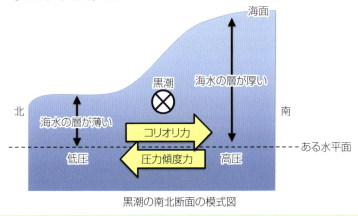

黒潮の南北断面の模式図

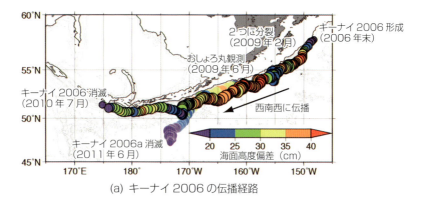

(a) キーナイ 2006 の伝播経路

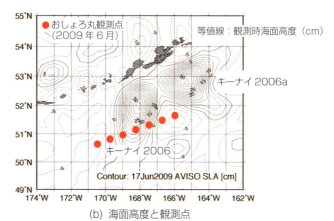

(b) 海面高度と観測点

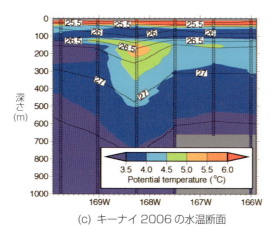

(c) キーナイ 2006 の水温断面

図 7.4 海洋中規模渦（キーナイ 2006）の伝播経路（a），おしょろ丸観測時の海面高度と観測点（b），おしょろ丸観測ラインの水温断面図（c）。(Ueno et al. (2012) を改変)

かつ栄養物質を豊富に含む沿岸水を保持していることが指摘されています。図 7.4 (c) から，米国による観測から 2 年後のおしょろ丸観測時でも，渦中心に高温の沿岸水が保持されていることが示されました。残念ながらおしょろ丸航海では栄養物質を測ることはできなかったのですが，水温や塩分の構造などから，外洋水が渦内に向かって貫入していることが示され，渦の内側と外側の海

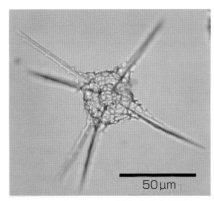

図7.5 アリューシャン列島南方の観測点で採取された放散虫（*Rhizoplegma boreale*）。(Ikenoue et al. (2012)より)

水交換のメカニズムを明らかにすることができました。

おしょろ丸では，九州大学と共同でセディメントトラップという機器を，1990 年から 2010 年まで，アリューシャン列島南方の観測点に設置し，海洋中の沈降粒子を採取してきました。採取した動植物プランクトンの多くは，気候変動に応じてその沈降量が変化していましたが，沿岸性の放散虫の一種である *Rhizoplegma boreale*（図 7.5）の沈降量の変動が，他と異なっていることがわかりました。外洋域である観測点に沿岸水を輸送できるのは中規模渦ではないかと考えて研究を行ったところ，中規模渦が観測点付近を通過するときにこの放散虫の沈降量が増えていることが示されました。

【参考文献】

- Ueno, H., I. Yasuda, S. Itoh, H. Onishi, Y. Hiroe, T. Suga, and E. Oka, Modification of a Kenai Eddy along the Alaskan Stream, J. Geophys. Res., 117, C08032, (2012)
- Ikenoue, T., H. Ueno, and K. Takahashi, Rhizoplegma boreale (Radiolaria): A tracer for mesoscale eddies from coastal areas, J. Geophys. Res., 117, C04001, doi:10.1029/2011JC007728 (2012)
- Saito, R., A. Yamaguchi, I. Yasuda, H. Ueno, H. Ishiyama, H. Onishi, I. Imai, Influences of mesoscale anticyclonic eddies on the zooplankton community south of the western Aleutian Islands during the summer of 2010, J. Plankton Res., 36(1), 117–128, doi:10.1093/plankt/fbt087 (2014)

おしょろ丸渦観測～失敗データも活かして～

　衛星による海洋観測が充実することにより，海が変化する姿をリアルタイムで把握できるようになり，海洋学は飛躍的に発展しました。しかし，船舶による海洋観測の重要性は未だ衰えることがありません。その一つが，海面下に生息するプランクトンの観測です。たとえば 2010 年 7 月の海洋中規模渦横断観測では，動物プランクトンの採集を行い，渦観測ラインの動物プランクトン個体数は，渦なし観測ラインの個体数と比べて多いことが明らかになりました。また，渦観測ラインでは，とくに大型カイアシ類（エビ・カニと同じ甲殻類のなかま，体長 0.1～1cm 程度）の個体数が多く，発育が進んでいることが示されました。これは沿岸由来の中規模渦によって渦観測ラインの生物生産が高く，それを受けて大型カイアシ類の成長率や生残率が高いことの反映であると考えられます。

　図の渦なし観測ライン，もともとはその北西側にある渦を横断観測する予定のラインだったのです。筆者らは，衛星海面高度データを用いて，乗船前および乗船中（陸上の学生が海面高度分布図を作成，メール添付でおしょろ丸に送信）に渦の位置を確認しながら観測を実施しました。しかし，衛星観測による海面高度の現況情報には誤差があり，渦の中心を横断する観測は難しいのが現状です。この渦なしライン観測データ，結果的には，渦ありライン観測データと比較する情報として有効に活用されました。

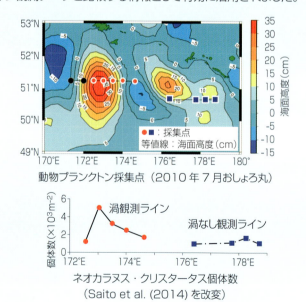

動物プランクトン採集点（2010 年 7 月おしょろ丸）

ネオカラヌス・クリスタータス個体数
（Saito et al. (2014) を改変）

第8章　北極海から氷がなくなる?!

野村 大樹

　「北極海から氷がなくなる？！」。近年，よく耳にする言葉である。私がこの業界にいるからよく聞くだけかもしれないが，テレビやインターネットなどで，北極海から氷がなくなり，そこに棲むホッキョクグマが生きていけなくなる？！といった報道を見たことがある人も多いのではないか。結論から言うと，北極海の氷が融けて減っているのは事実である（図 8.1）。この問題は，科学の分野ではもちろんだが，政治経済面においても，近年，関心を集めている。北極海の海氷減少は，新たな商業航路の開拓，北極海での油田掘削，北極海沿岸諸国による領域権の拡大要求など，影響が非常に大きいからだ。

氷が融けるとなぜ困るのか

　北極海などの極域は，近年の地球温暖化の影響が最も強く現れる地域の一つであり，早急な原因究明が必要とされる重要な研究対象地域である。たとえば，海に浮かぶ氷（海氷という。図 8.2）や陸に降り積もった雪は，その「白さ」ゆえに太陽から注ぐエネルギーを反射し，地球表面の温度を下げる役割を果たしている。つまり太陽熱の反射パネルとして働く。しかし，海氷の減少によって，海洋表面で吸収される太陽エネルギーが増加し，海氷がさらに融けるという連鎖反応が，一層海氷量の減少を加速するのである。そして，密度が低い融け水が海洋表層に滞ることによって，海洋循環が弱化し，極域における熱輸送に大きな影響を与える。また，ホッキョクグマやアザラシなど，海氷上を生活の拠点とする動物にとって，海氷の減少は，生命の存続にかかわる重大な問題になるであろう。

北極では海の氷だけでなく陸の氷も激減している。たとえば，グリーンランドでは，この数十年で氷床（降り積もった雪が固まってできた巨大な氷の塊）がかなりの量，融けている。このように北極では，陸や海の氷の融解が急速に進行している。この融解現象は，固体から液体への相変化を通じて，体積変化，温度上昇，淡水・含有物の流出など，極域の環境に劇的な変化を招くことは確かである。海面上昇，海洋循環，生物生産など，地球規模の環境変動に影響し，結果としてそこに住む人々や動物はもちろんのこと，農業や水産業など，私たちの生活に直接かかわる。詳細な原因究明や将来の予測・影響評価など，世界中の研究者によって，現在，急速に研究が進められている。

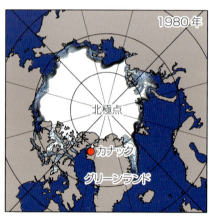

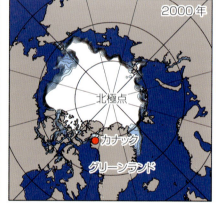

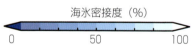

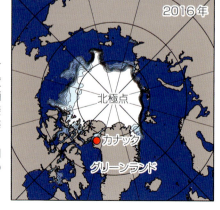

図 8.1
衛星によって得られた，北極点を中心として上から見たときの海氷の分布。海氷密接度とは，ある空間において海氷がどれだけの面積を占めるかを示す指標である。海氷密接度50％の場合，その空間の面積の半分が海氷によって占められている。左上は1980年，右上は2000年，右下は2016年の同時期（9月）の海氷分布である。明らかに海氷の面積が小さくなっている。
（国立極地研究所・柏瀬陽彦氏提供）

図 8.2 北極海スバールバル諸島付近の海氷の様子（2011 年 4 月，筆者撮影）

　現在，日本では文部科学省の補助事業として北極域研究推進プロジェクト：ArCS（Arctic Challenge for Sustainability）が立ち上がっており，北大水産も本プロジェクトに参画し，北極海の海洋環境，生態系変動に関する研究を実施している。2017 年夏に，私は北海道大学低温科学研究所の研究チームに同行し，グリーンランド北部沿岸域での海洋調査を実施する機会を得た。前述のとおり，グリーンランドでは氷床融解が進行しており，融け水は海洋に供給される。この融け水が海洋表層の海洋環境・生態系に与える影響を評価することを目的として観測を実施した。以降，私が本観測で体験した現地での生活環境，観測の様子などを含め紹介する。なお，北極海のプランクトンについての詳細は，次章を参照されたい。

グリーンランドへ

　グリーンランド（人口 5.6 万人，デンマーク自治領，面積は日本の 5.7 倍）は，日本から遠く離れた北大西洋と北極海の間に存在する巨大な島である。我々

海洋観測チームは，2017年7月半ばに日本からコペンハーゲンを経由して，カンゲルルスアークというグリーンランドのハブ空港に到着した。当然のことながら日本からは遠いが，北極点には近い場所である（図8.3）。そして我々が目指すグリーンランドの北西部カナック（図8.1参照）へは，小型の飛行機を何度か乗り継ぎ，函館出発3日後にやっと到着した。飛行機を降りた途端，あれ？という印象を受けた。グリーンランドは，氷に覆われた陸というイメージを持っていたが，氷が見当たらない（図8.4）。私は氷の研究をしていることもあり，いつも陸には雪があり，海は凍っている寒い時期

図 8.3 グリーンランドの空港にあった各場所までの距離（飛行機でかかる時間）が書かれた標識。北極点までは3時間ちょっとで着いてしまう。
（2017年7月，筆者撮影）

図 8.4 グリーンランド北西部のカナック空港駐機場の様子。滑走路はもちろん未舗装。
（2017年7月，筆者撮影）

に観測をしていた。しかし，今回は，氷の融ける影響を評価するための観測で，夏季であるため，空港の周りには雪や氷はない，ということに到着してから気づいたのであった。

　観測の拠点となるカナック地域には600人ほどが住み，海岸から山の斜面にかけて家が並ぶ。この地域は歴史的に北極探検との関係が深い。1978年に世界初の単独北極点到達を達成した植村直己は，1970年代にカナック地域を訪れ，犬ぞりなどの技術を習得した。私が訪れた際も，いたるところに犬がおり（図8.5），冬季の移動手段として犬ぞりがいまも使われていることを実感した。また，植村と同時期にこの地域を訪れ，日本人で最初に北極点に到達したグループの一人である大島育雄は，現在もこの地域に住んでいる。今回，滞在した宿泊施設や観測のための小型ボートは，大島さんの娘（大島トク）によって用意された。カナックに住む人々は日本人と見た目が非常に似ており（図8.6），日本から遠く離れた場所に来ているということを忘れてしまうほどであった。

図8.5　カナックの犬の親子。基本的には人を噛まない。（2017年7月，筆者撮影）

図 8.6　カナックの子供たち。日本のお菓子に興味津々。(2017 年 7 月，筆者撮影)

観測開始

　いよいよ観測である。小型ボートに乗って観測地点まで，海に浮かんだ氷山（陸の氷が海に流れ出したもの）を避けながら移動する（図 8.7）。観測地点ではワイヤーに観測機器を付けて海底まで降ろし，海水の温度や塩分の測定を実施した。また，海水を採取し，海水中の生物・化学成分を分析するための試料を採取した。さらに，浜に打ち上げられた氷山のサンプルを切り出し，海に流れ出す融け水の成分を調べるための試料も採取した（図 8.8）。海洋観測の解析結果から，融け水が流れ込む入江の奥へ行くに従い，海洋表層の塩分の値が小さくなることを確認した。このことは，融け水が陸から供給されていることを意味する。海洋側に注目して氷の融解現象を捉えた場合，まず膨大な融け水が海洋表層に供給される。もし，この融け水を単に「真水」と考えるならば，海水成分は希釈によって薄められるだけである。もちろん，それだけでも海洋表層に与える影響は大きい。たとえば，海洋表層に生息する植物プランクトンにとっては，窒素やリンなどの自分の体をつくるための栄養成分が淡水流入に

よって薄められてしまい足りなくなるという大問題が起きる。一方，陸から流入する淡水は，氷床と地面の間を通り，土砂を巻き込みながら海洋に供給されるという報告もある。実際に今回の観測では，入江奥の海水は濁っていた。よって，河川のように栄養を陸から海洋に供給する可能性もある。

また，本観測調査では，海洋表層の二酸化炭素（CO_2）についても注目した。大気中 CO_2 の吸収源として海洋の果たす役割は大きい。とくに極域の海は，海水温が低いため，海水中に気体を溜め込む能力（溶解度）が高い。そのため大気中 CO_2 の増加を軽減する上で，極域の海は重要である。しかし，温暖化による海水温の上昇のため，大気中 CO_2 吸収能が減少している。一方で，雪氷融解により「真水のみ」が海洋に供給される場合，海洋中の CO_2 は希釈され，

図 8.7　海面に浮かぶ氷山。「氷山の一角」という言葉どおり，水面下は 50 m ほどありそうな巨大な氷の塊。(2017 年 7 月，筆者撮影)

図 8.8 カナックの浜に打ち上げられた氷山のかけらの採取。何が入っているのか？
(2017 年 7 月，漢那撮影)

濃度は減少する。よって，海洋による大気 CO_2 吸収能は増加する。しかし，雪氷に含まれる大量の陸源物質や生物の遺骸が海洋表層に供給されると，無機的な溶解，バクテリアによる分解，植物プランクトンへの取り込みなど，多くの過程を複雑に経由する。そして，その過程ごとに CO_2 が変化する。よって，海洋 CO_2 の変動や大気との CO_2 交換量を予測することは極めて困難である。本観測調査では，上記課題を解決すべく海水のサンプルを取得した。現在，分析，データ解析を進めており，今後，融け水の供給が海洋表層の環境にどのような影響を与えるかについて明らかになるであろう。

第9章　小さな生き物から地球を知る

松野 孝平

気候・環境変動

　最近，テレビや新聞で「気候変動」という言葉をよく耳にすると思う。これは気候が，さまざまな要因により，多様な時間スケールで変化することを意味する。つまりは，長い目で見ると，大気が暖かくなったり冷たくなったりしているということである。地球温暖化も広い意味でこの言葉に含まれる。変化している要因は未だに議論されているところだが，事実として地球上のさまざまな場所で気候・環境が変化している。この気候変動が地球上で最も進行しているのが，北極海である。

　北極海は海氷に覆われた海だが，その海氷面積は季節によって変化し，毎年9月に最小，3月に最大となる。しかしながら，最近の気候変動により，夏に海氷が溶け切ってしまうのではないかと懸念されている。実際に，夏の海氷面積はこの20年でおよそ半分に減った（図8.1参照）。消滅した海氷を面積で考えると，日本10.8個分に相当する。

　北極海で海氷がなくなると，どうなるのだろうか？ 海氷は海の表面に浮いて，海に蓋をしていると考えることができる。海氷が溶けると蓋がなくなるため，まず太陽光が海中に届くようになる（図9.1）。そして，海水面が大気や日射によって暖められやすくなる。また，海氷がないと海水が風によってかき混ぜられやすくなる。つまり，海氷が海の表面を覆っている状態と比べて，溶けた状態では，大気や太陽光が海に対してより直接的に影響する。その影響は，そこに住む生物の環境を変えることにつながるかもしれない。私は，気候・環境変動というトピックを，寿命が短く，環境変動の影響を受けやすいと考えられているプランクトンから解明することを試みた。

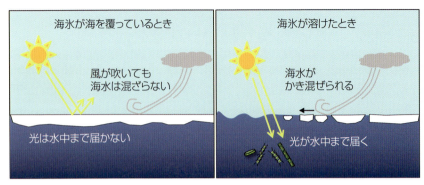

図 9.1 海氷があるときと溶けてしまった後との違い。海氷融解後は太陽光や大気が直接，海へ影響を与える。

プランクトンについて

　海のなかには多種多様な生物がいるが，そのなかで「プランクトン」と呼ばれる生き物についてここで詳しく説明する。プランクトンは，遊泳能力が低く，海流に逆らって泳ぐことができない生物である。プランクトンには，顕微鏡を使わないと見えない小さなものから，エチゼンクラゲのような大型のものまで，さまざまな大きさの生き物が含まれる。エネルギーの獲得方法で考えると，光合成を行う独立栄養性の植物プランクトンと，捕食や摂餌を行う従属栄養性の動物プランクトンの2つに分けることができる。

◎植物プランクトン

　海洋の植物プランクトンには，珪藻類（けいそう），渦鞭毛藻類（うずべんもうそう），円石藻類（えんせきそう）などがあり，光合成を行い，細胞分裂によって増殖する。陸上の植物とは異なり，浮遊性の単細胞生物である。サイズはほとんどのものがマイクロサイズ（1ミリの1000分の1が1マイクロ）と小さいため，顕微鏡を使わないと観察することができない。海洋において植物プランクトンは，生態系を支えている，大変重要な生物だと言える。

　海洋の植物プランクトンのなかで，最も多い生物が珪藻類である（図9.2）。

◆ 第 9 章 ◆ 小さな生き物から地球を知る　97

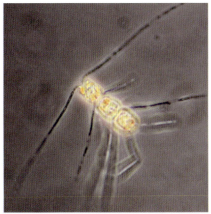
Chaetoceros concavicornis

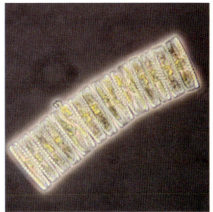
Fragilariopsis kergulensis

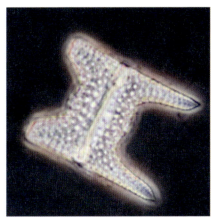
Eucampia antarctica

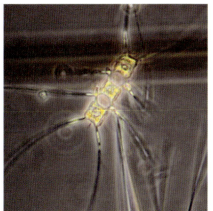
Chaetoceros atlanticus

図 9.2　海洋の植物プランクトン相に優占する珪藻類。写真は南極海の海水中に存在していたもの。黄色く光っている部分は葉緑体。さまざまな形態の種が存在する。

　珪藻はケイ酸質の殻を持つ。殻の形態のバリエーションは非常に豊富で，見ていて飽きない。浮遊性の珪藻類は運動器官を持たないため，自ら泳ぐことはできない。しかし，光合成を行うためには，海中で光の届く水深に留まる必要がある。そこで珪藻類は，細胞のサイズを小さくし，体の表面積が大きくなるような形態に進化してきた。細胞の体積に比べて表面積を大きくすることにより，水の抵抗を増やし，沈降速度を遅くすることができる。また，細胞内に油

分を蓄積することによって比重を軽くしており，これも表層に留まることに一役買っている。海表面の風などによる鉛直混合（深さ方向の混合）も，珪藻類が表層に留まるために重要な役割を果たす。

◎動物プランクトン

　海洋の動物プランクトンには，小さな単細胞生物（数 μm）から大型のクラゲ（数 m）のような多細胞生物までが含まれるが，ここではカイアシ類，オキアミ類，端脚類，クラゲ類など，メソサイズ（0.2～20 mm）の動物プランクトンに注目する（図9.3）。多くの種が卵によって繁殖する。動物プランクトンは，えさを摂取する必要があるが，その方法にはいくつか種類がある。植物プランクトンを主に食べる種は植食性動物プランクトンと呼ばれ，カイアシ類や尾虫（びちゅう）類が該当する。動物性の餌（小さなカイアシ類など）を食べる種は肉食性動物プランクトンといい，端脚類，クラゲ類および一部のオキアミ類が含まれる。この他に，死んだ有機物を食べるデトライタス食性や雑食性の動物プラ

図9.3　海洋中に出現する主な動物プランクトン。大きさはどれも数 mm から数 cm 程度。

ンクトンも存在する。動物プランクトンの食性は，海の表層に近いほど植食性種が多く，深海になるにつれて肉食性種やデトライタス性種が多くなることが知られており，水中にどのような餌があるかで棲み分けていると考えられている。また，「流氷の天使」と呼ばれるクリオネ（無殻の翼足類）は，有殻翼足類であるミジンウキマイマイしか食べないという非常に特異な食性を持っていることで有名である。

　海洋の動物プランクトンのなかで，数的にも重量的にも多いのがカイアシ類と呼ばれる生物である。カイアシ類は，櫂（オール）のような肢を持っていることからこの名が付けられた。大きさが1～5 mmの甲殻類（エビやカニの仲間）で，脱皮して成長する。北極海においては，動物プランクトン群集のうち個体数で9割，重量で6割を占めている（図9.4）。主な餌は植物プランクトンであり，自らは魚類，海鳥および鯨類の重要な餌となっている。つまり，海洋生態系において，カイアシ類は植物プランクトンの一次生産を，自らが食べられることによって魚類や海鳥などの高次捕食者に受け渡す役割を持っている。カイアシ類の生態（生活史）は大変ユニークである。外洋域に分布する植食性の大型カイアシ類は，春から秋に表層でせっせと植物プランクトンを摂餌し，体内に油を貯める。そして，その油分（油球）のエネルギーを元に冬は深海で休眠（昆虫の冬眠のようなもの）する。休眠から目覚めた後，深海で交尾・産

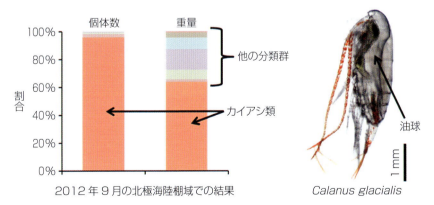

図9.4　北極海陸棚域における動物プランクトン群集の組成。オレンジ色の部分のカイアシ類が個体数でも重量でも優占していることがわかる。右は実体顕微鏡下での生きているカイアシ類の写真。体内に見える透明な液状の部分はすべて油分である。

卵を行い，孵化した幼生は春までに表層に移動し，再び摂餌を始める。休眠のために水深1000m程度まで潜る種もおり，海流に逆らって泳ぐことはできないが，鉛直方向に大変ダイナミックに移動することが知られている。

北極海で起こっていること

海洋の生態系の底辺を支えている植物・動物プランクトンだが，北極域の最近の急激な気候変動が，プランクトンに劇的な影響を与えることが懸念されている。ここでは，私が興味を持って研究を進めてきたことを中心に解説する。

◎ブルーム発生のタイミング

まず，北極海内の植物プランクトンで観察されている変化について述べる。北極海では，夏に海氷が融解したとき，前述のように光が水中に届くようになるため，ブルームが発生する。ブルームとは植物プランクトンの大増殖のことで，北太平洋などの中緯度域では春季と秋季に観察されるが，高緯度域では主に海氷融解時（または夏季）に見られる現象である。最近の研究で，海氷の融解が早まることによって，このブルームの発生するタイミングが変化していると言われている。また，北極海内の海域毎に見てみると，水深の深い海盆域では，より小型な植物プランクトンの割合が増加していることが報告されている。一方で，水深の浅い陸棚域では，これまで見られなかった秋季の植物プランクトンブルームが観測されるようになってきた。このように，北極海の海氷が溶けることによる変化は，陸棚域と海盆域で異なっていることがわかってきた。しかし，北極海全体での傾向や，一次生産の増減が他の生物群集にどのような変化をもたらすのかについては，不明なままである。

◎太平洋産カイアシ類の移入

次に，動物プランクトン，とくにカイアシ類に起こっている変化について紹介する。北極海は海氷が覆う冷たい海だが，そこには多くの動物プランクトンが生息しており，前述のとおり，カイアシ類が最も多い（図9.4参照）。し

かし，カイアシ類の種を見てみると，北極海内部と北極海に隣接する太平洋や大西洋では異なる種が分布している（図9.5）。北極海に分布する *Calanus hyperboreus*，*Calanus glacialis*，*Metridia longa* は他の大洋では出現しない北極海固有種である。一方で，太平洋や大西洋に分布する種は北極海内でも採集されることがある。北極海は太平洋，大西洋とつながっており，それぞれの海洋から海水が流入している。プランクトンは遊泳能力の低い生物群集であるため，その海流によってそれぞれの大洋に分布している種が北極海内へ輸送される。北極海の入り口ではその密度は高いが，内部へ輸送されていく過程で希釈されるため，正確な追跡は困難であるが，限られた範囲にしか運ばれていないと考えられている。

　太平洋側北極海における，太平洋産カイアシ類の移入に関しては，1940年代から観測されており，しだいに増加傾向にあることがわかっている。その詳細をつかむべく，北海道大学水産学部附属練習船「おしょろ丸」に乗船し，太平

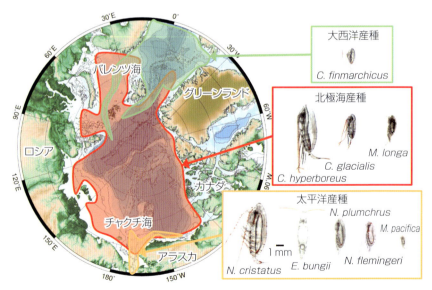

図9.5 北極海の太平洋側，中央部および大西洋側で出現する大型カイアシ類の模式図。カイアシ類のサイズはスケールにそろえている。太平洋側のチャクチ海と，大西洋側のバレンツ海にはそれぞれ太平洋と大西洋から海水が流入するため，異なる種が出現している。色が重複している海域では，どちらの種も採集されることがある。

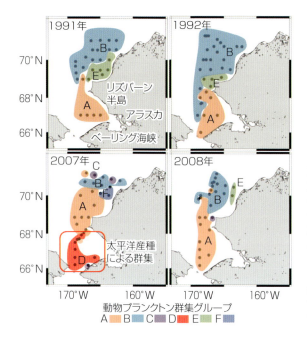

図9.6
太平洋側北極海(チャクチ海)における,動物プランクトン群集の年変動。1991年,1992年と比べて,2007年は新しい群集が出現していることがわかった。この群集には太平洋から流入してきた太平洋産種が多く含まれていた。

洋側北極海の入り口であるチャクチ海で2007年および2008年に観測を行った。動物プランクトンの観測には主にプランクトンネットを用いる(詳細はコラム「北極海での船舶観測」を参照)。採集された試料中の動物プランクトンを顕微鏡下で計数し,1990年代に同じおしょろ丸にて採集された試料と比較した。その結果,2007年の時点で,チャクチ海の入り口には新しい群集が出現していることが明らかとなった(図9.6)(Matsuno et al., 2011)。当時,懸念されていたことが実際に観測された最初の研究となり,これ以降,北極海での研究がさらに盛んになった。新しい群集Dを元々分布していた群集Aと比較すると,太平洋産種(*Eucalanus bungii* と *Metridia pacifica*)の割合がおよそ2倍になっていた(図9.7)。さらに,この年にベーリング海峡を通過して太平洋側から北極海に流入した海水の量は,通常年のおよそ1.2倍となっていたことがわかっている。つまり,海水の流入量が増加した分,輸送された動物プランクトンも多くなり,群集として新しいものになっていたと考えることができる。では,北極海内に運ばれた太平洋産種はどうなっているのであろうか?

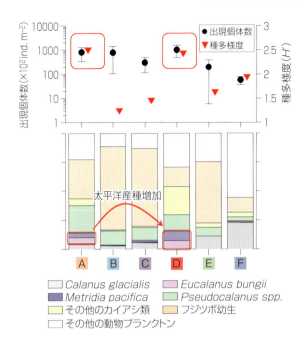

図 9.7
クラスター解析によって区分された動物プランクトン群集の個体数，種多様度および種組成。もともとチャクチ海の南部に分布していた群集 A と比べて，新しく観察された群集 D は，太平洋産種の割合がおよそ 2 倍に増加していた。

北極海内で子孫を残し，新天地での生活を始めているのか，それともすべて死滅しているのか？ この疑問については未だに明確な答えはないが，私が偶然見つけた証拠を次に示す。

　2013 年 9 月に海洋研究開発機構の海洋地球研究船「みらい」に乗船し，チャクチ海でプランクトン観測を行った。そのとき，偶然にも，成熟した雌の太平洋産カイアシ類（*Neocalanus flemingeri*）を実験に使用できる十分量採集することができた（図 9.8）。私自身の 6 回目の北極航海にして，初めてのことであった。そして，その個体を船上で飼育し続けていると見事に産卵を始めた。卵を計数し，別の容器に移して飼育を継続したところ，孵化を確認することができた（図 9.8）。これにより，北極海のなかへ輸送された太平洋産種は，産卵も孵化もできることがわかった（Matsuno et al., 2015）。しかし，太平洋において通常は 90％ 以上が孵化するのに対し，北極海ではたったの 7％ と大変に低いものであった。この事実と，北極海内に運ばれてくる太平洋種の個体数が，元々の太平洋での個体数と比べてかなり少ない（1/70 程度）ことを考え合わせ

図 9.8 北極海内で採集した太平洋産カイアシ類 *Neocalanus flemingeri*。左から成熟した雌成体，卵，孵化した幼生を示す。すべて船上で生きた状態で撮影している。

ると，現時点では北極海内に定着することは困難であると考えられる。流入する太平洋産種の数が近年増加していることから，その輸送される種についてだけではなく，他の生物への派生的な影響も考えなくてはいけない。たとえば，太平洋産カイアシ類と北極海産カイアシ類との間で餌をめぐる競合が起こるのではないか？ 一方で，北極海の魚類にとっては餌が増えるために良い環境となるのではないか？ などなど疑問は尽きない。このように，現場へ行くと研究は一歩進むが，それを踏まえた新たな課題が出てくるのが面白い。

　この節で紹介してきた内容は，ここ10年でわかってきたことである。研究者は変化が起こった後に，なぜそのように変化したのかをデータや過去の文献をもとに一生懸命に理解しようとするが，未だにわからないことがたくさんある。しかも，これから起こる気候変動によって海洋生態系がどうなってしまうのかは誰にもわからない。そのわからない課題に対して，最大限のアプローチをするためには，多くの研究者が国を超えて協力し合って取り組んでいかなければならない。北極研究には，まだまだやるべきことが山のようにあり，魅力が尽きない。

【参考文献】

- Matsuno, K., A. Yamaguchi, T. Hirawake and I. Imai, 2011. Year-to-year changes of the mesozooplankton community in the Chukchi Sea during summers of 1991, 1992 and 2007, 2008. Polar Biology, 34(9): 1349−1360

- Matsuno, K., A. Yamaguchi, T. Hirawake, S. Nishino, J. Inoue and T. Kikuchi, 2015. Reproductive success of Pacific copepods in the Arctic Ocean and the possibility of changes in the Arctic ecosystem. Polar Biology, 38(7): 1075–1079, doi: 10.1007/s00300-015-1658-3

北極海での船舶観測～プランクトンネットについて～

動物プランクトンの採集には，プランクトンネットと呼ばれる器具を使用する。これは，金属製の輪にナイロン生地のネットを円錐形に取り付けたもので，先端にはコッドエンドと呼ばれる小さなボトルを装着する。このネットを船のウインチで垂直に曳くことで，海水中に存在するプランクトンを採集できる。採集されるものは，基本的にネットの目合いよりも大きな生物である。採集されたプランクトンは，すぐにホルマリン海水中に保存する。

このような観測船による調査は，昼夜の別なく行われる。北極海の場合は，夏でも気温は氷点下なので，しっかりとした防寒対策が求められる。海水などで濡れると非常に寒くなるので，防水対策も必須である。

観測は肉体的にきついこともあるが，その分大きな楽しみもある。オーロラを見ることもあり，クジラや海鳥，時にはホッキョクグマにも出合える。何より，現場へ行って直接肌で感じ，目で見ることによって研究のアイデアが湧いてくる。同乗している他分野の研究者の方々との会話も非常に刺激になり，複雑難解な課題に対してみんなで団結して臨む楽しさもある。

第10章 覗いてみようミクロな世界
海の極限環境微生物を科学する

美野 さやか

　微生物は，私たちの最も身近なパートナーであり，ヒトの健康はもちろん，私たちの住む地球も彼らの活動によって支えられている。私は"微生物生態学"という分野を中心に研究活動を行っている。微生物生態学とは，微生物と彼らを取り巻く環境や他の微生物，動植物との相互作用を調べる学問であり，その研究手法は微生物研究を大きく進展させてきたといっても過言ではない。この章では，海洋の極限環境の一つを紹介しつつ，そこに棲む微生物について，その研究手法や近年の研究を紹介したい。

海洋に棲む微生物の多様性を調べてみると…

　最初に，地球上に生息する生物種数について紹介したい。動植物では約870万種が存在し，そのうち約220万種が海洋に生息すると推定されている。微生物のみに注目すると，現存するものはなんと1兆種を超え，海水中には2千万種以上が存在しており，海洋動物に寄生または共生する種を含めると10億種近くの微生物が生息すると推定されている。

　細胞の数にすると，ティースプーン1杯の海水には，約10^6細胞（100万細胞）の微生物が含まれている。全地球の海水中にいる微生物の細胞数を合わせると，10^{28}細胞にも達するといわれている。この数はなんと宇宙に存在する星の数の約100倍に相当するのである！ 海洋全体の約98％が，太陽光が届かない200 m以深，いわゆる"深海"であることを考えると，そこに棲む微生物の多様性や生理生態を知ることは，地球上の生物の多様性を知る上でも重要と言えそうだ。

●微生物研究スキル●
どうやって微生物を数えるの？

微生物のサイズは約2～3μmととても小さく，肉眼では計数できません。そのため環境中の微生物数は，顕微鏡を使って計数します。微生物のDNAをDAPIなどの蛍光色素で染色し，蛍光顕微鏡で観察することで，1ml中にどのくらいの微生物が存在するかを計測します。この手法では，生きている菌も死んでいる菌もカウントされます。

DAPI染色した微生物細胞。
青白く見えるのが一つの細胞。

海洋の極限環境へご招待

　多様な微生物が生息する海洋環境のなかで，私がみなさんを案内したい場所が"深海底熱水活動域"である。生命誕生の場の有力候補や，奇妙な生物が存在する場所として知っている方も多いのではないだろうか。静寂なイメージの深海環境のなかで，熱水活動域は暗黒・高圧・高熱の極限環境にありながら生物多様性のホットスポットとも言える，生命の躍動にあふれた場所である。深海底熱水活動域は，地球のマグマ活動とプレート運動によって形成されるもので，プレートが発散する海嶺や，海溝などの沈み込み帯に形成される。海底下でマグマの熱によって温められた海水は熱水となり，上昇しながら岩石中の金属を溶かし出し，海底から噴出する。熱水が吹き出る場所を熱水噴出孔と呼ぶ。噴出する熱水には，マグマから溶け込んだCO_2や，岩石と熱水の反応で生じたH_2などのガス成分も豊富に含まれる。また，300℃を超える熱水が，周辺の約2℃の海水と混ざり合い，熱水噴出孔の周辺には急激な物理化学的な勾配が形成される。

暗黒世界の生態系を支える微生物たち

　私たちの関わる生態系は"光合成生態系"と呼ばれ，太陽光の光エネルギーを利用する植物などの光合成生物が一次生産者としての役割を果たしている。

一方，太陽光の届かない深海底熱水活動域の生態系は“化学合成生態系”と呼ばれ，“化学合成独立栄養微生物”と呼ばれるバクテリアやアーキアが，生態系の一次生産者である。これらの微生物は，噴出熱水中に含まれる H_2 や還元型硫黄などの無機化合物をエネルギー源として利用するとともに，CO_2 を炭素源とし，無機物から有機物をつくり出す能力を持っている。また，熱水噴出孔周辺に生息することから，その生息可能な温度帯は幅広く，なかには 100 ℃以上でも増殖することができるものもいる。テレビや図鑑で注目される熱水活動域に生息する奇妙な大型生物たちは，ほぼ例外なくこれらの微生物を“共生菌”として体内外に持ち，生命活動に必要な栄養を獲得する。たとえば，沖縄近海の熱水活動域に棲むゴエモンコシオリエビは，その胸毛に共生菌を飼い，それを食べる。このように，熱水活動域の生態系は小さな微生物の生命活動なしでは成立しない。そんな背景を知ると，奇妙奇天烈な目に見える生物はもちろん，彼らの命を育む化学合成独立栄養微生物にも少しだけ興味が湧くのではないだろうか。そんなみなさんを，次は深海底熱水活動域でのサンプリングに案内したい。

深海底熱水活動域に棲む微生物の調査

　圧力は 10 m 深くなるごとに 1 気圧ずつ増える。熱水活動域のある 1000～3000 m の深海では，地上の数百倍もの圧力がかかっているため，無人探査機や有人潜水調査船を使って海底調査を行う。無人探査機は，つねに母船とケーブルでつながれており，母船から遠隔操作を行うため，映像に映し出された現場を母船にいる研究者同士で確認して作業を進められるだけでなく，海況が多少悪くても調査ができる利点がある。日本では国立研究開発法人海洋研究開発機構（JAMSTEC）の所有するハイパードルフィン，米国では Woods Hole Oceanographic Institution（WHOI）の所有する Jason がこれにあたる。有人潜水調査船は，潜航時には調査船と母船間にケーブルはない。潜航できる研究者は限られるが，現場を直接見ながら作業できること，そして何よりも地球や生命の躍動を肌で感じられることが，有人潜水調査船を利用する最大のメリットであると思っている。JAMSTEC のしんかい 6500，WHOI の Alvin などがあ

る。Alvin は，世界に先駆けてガラパゴスリフトで熱水噴出孔とこれに群がる生物群集を発見したことで有名である。私は Alvin での潜航経験しかないので，ここでは Alvin でのサンプリングの様子を少し紹介したい。

　Alvin には正面に3つ，サイドに2つの観察窓があり，作業はこの窓から確認しながら進める。海底での作業に使用するもの（たとえば，試料回収ボックスや採水器，堆積物を採るためのコアラー，海底に設置するマーカーなど）は潜水艇の正面に備えつけられたサンプルバスケットというカゴに搭載される。正面両端から伸びる2本の腕のように見えるものは，マニピュレーターと呼ばれ，これをパイロットが巧みに操作して海底での作業を行う（図10.1）。

　研究者とパイロットが乗り込んだ潜水調査船は母船のクレーンに吊るされてゆっくり着水する。潜行開始の号令とともにバラストタンクに海水が流れ込み，熱水活動域に向けて調査がスタートする。

　同じ海域でも場所ごとに熱水噴出孔の様子や生物相は異なる。まず見えてきたのがジャイアントチューブワームと呼ばれるハオリムシの集合体（コロニー）だ（図10.2）。彼らは，栄養体と呼ばれる袋に共生菌をいっぱい詰め込んでいる。そこに熱水由来の硫化水素などを送り込んで，共生菌に栄養をつくらせる生存戦略をとる。大きいものではなんと体長が2mを超えるものもあり，微生物のつくり出した栄養のみで巨体へと成長するのだから驚きである。黄色く見える二枚貝はヒバリガイの仲間で，彼らはエラに共生菌を飼っている。

● 深海探査うんちく ●
日本とアメリカの有人潜水調査船

　現在，JAMSTEC（日本）のしんかい6500 と WHOI（米国）Alvin の潜航人数はともに3人ですが，その内訳が異なります。しんかい6500ではパイロット2名，研究者1名であるのに対し，Alvin ではパイロット1名，研究者2名となっています。そのため，Alvin の場合はベテラン研究者と学生といった組み合わせも可能で，研究者を目指す早い段階で，現場をその目で観察することが叶います。

しんかい6500の潜航前の様子

図 10.1　母船 ATLANTIS に吊るされる Alvin
（Woods Hole Oceanographic Institution 提供）

図 10.2　チューブワームとヒバリガイのコロニー。海底に咲く花のようにも見える。
（Woods Hole Oceanographic Institution 提供）

◆ 第10章 ◆ 覗いてみようミクロな世界：海の極限環境微生物を科学する　111

図 10.3　ブラックスモーカーをサンプリングする様子。チムニーの構造を崩さないように
パイロットがマニピュレーターを巧みに操る。
(Woods Hole Oceanographic Institution 提供)

　続いて少し潜水調査船を走らせると，黒い熱水を噴出するチムニー（煙突状の構造物）が見えてきた。ブラックスモーカーと呼ばれ，その噴出熱水は硫化物を多く含むため黒く見える（図10.3）。微生物生態学研究では，微生物が棲む環境も把握する必要があるため，高温に耐えうる温度計で熱水の温度を計測するとともに，熱水の化学組成を調べるために採水を行う。ちなみに，熱水の化学組成を調べる研究は，分析化学を専門とする研究者に依頼する。そのため，私たちの研究は他分野の研究者との共同研究となることが多い。ここでは，熱水孔に棲む微生物を取得するためにチムニーが欲しいので，パイロットにリクエストしてみよう。パイロットは海底の流れの向きを読み，マニピュレーターの角度やつかむ力の強さを調節し，チムニーを採取してくれる。チムニーはバスケット内のボックスに納められ，次の作業に移る。海底での作業が一通り終わるか時間切れになると，Alvin は離底する。

微生物研究の第一歩：微生物の分離培養，同定をしてみよう

　"培養"とは，微生物を人工的に育てて増殖させることである。培養は古典的な手法であるが，環境微生物を研究する上で欠かせない実験手法なのだ。たとえばサケを研究対象とする場合，"サケ"を狙って捕ることができる。しかし微生物は肉眼では見えないため，ターゲットを目で見て捉えることができない。そのため，微生物が居そうな試料を微生物の増殖に必要な炭素源やエネルギー源，ミネラル類などを含む"培地"に接種し，適切な温度を保って育成（インキュベート）することで，その培地に適した微生物を培養する。図10.4の試料であれば，どの部分を培養に使えばよいだろうか？　私ならば，岩石の表面のバイオフィルムや，白いネトネトした多毛類の巣，ハオリムシのチューブなどに微生物が付着していそうだと考え，これらを培養源に使う。

　微生物種によって，好ましい培地成分や培養温度が異なるため，これらを変化させることで，ある程度培養される微生物をふるいにかけることができる。

図10.4　東太平洋海膨（East Pacific Rise：EPR）の熱水活動域から採取した熱水性試料。小さいチューブワームや多毛類の巣などが表面に付着している。

これを"集積培養"といい，たとえば培地の pH を酸性側に寄せる行為は酸性下で生きられる微生物を選抜し，他の微生物の生育を抑制する。また，高い温度でインキュベートすると，高温下で生きられない微生物は死滅し，好熱菌だけが生き残る。微生物 1 細胞は肉眼では見えないが，その数が多くなると，液体培地では図 10.5 のように白濁を確認することができる。集積培養では，複数の種類の微生物細胞が含まれているため，さらに遺伝的に同一の細胞のみを取り出す"純粋分離"を行う。私は主に液体培地を用いた"限界希釈法"という手法を用いるのだが，

図 10.5 培地と培養後の様子。右が培地で，左が微生物の増殖が認められる培養液。10^8 cells/ml の細胞数となっている。

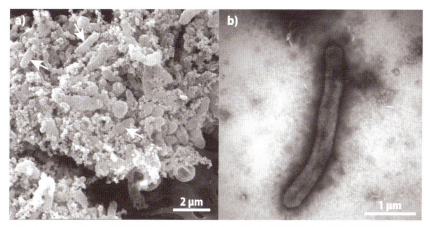

図 10.6 中央インド洋海嶺のチムニー片から分離した新種微生物の電子顕微鏡観察の様子。a) 走査型電子顕微鏡（Scanning Electron Microscope：SEM）で微生物の集合体を観察したもの。矢印で示したものが 1 細胞。b) 透過型電子顕微鏡（Transmission Electron Microscope：TEM）で見た 1 細胞。a)，b) は同じ微生物株である。

希釈を繰り返すことでようやく同じ遺伝子配列を持った微生物を得ることができ，詳細な実験がスタートできるようになる。一般的な純粋分離培養法としては，寒天を含む平板培地を用いた手法が知られている。

　どんな微生物が増殖したのかを知る最も簡便な方法として，微生物に共通するゲノム中の領域（16S rRNA 遺伝子）を調べる手法がある。Polymerase chain reaction（PCR）によってその領域を増幅したのち，塩基配列を決定する。データベースに登録された既知のバクテリアやアーキアの 16S rRNA 遺伝子塩基配列情報と照らし合わせることで，分離した微生物が既知のどの微生物とどの程度相同性を有しているのか調べる。必要に応じ，光学顕微鏡や電子顕微鏡を用いた形態観察や（図 10.6），増殖生理学的特徴，ゲノムの特徴などを調べ，これらの手順を踏むことでようやく分離した微生物が何者であるかを決定できる。最近は，"次世代シーケンサー"の普及によって簡単に微生物ゲノムを取得できるようになったため，ゲノム情報に基づく微生物分類学の整備も進展している。余談ではあるが，環境中に生息する微生物の約 99％ は培養不能な微生物とされ，"微生物ダークマター" と呼ばれている。未培養微生物は無限の可能性を秘めており，そんな微生物の獲得を目指してみるのも素敵な研究である。

●微生物研究スキル●
次世代シーケンサーの進歩の恩恵

　そもそも微生物ダークマターの存在がなぜわかってきたのか？ その背景には，次世代シーケンサーと呼ばれる，大量の遺伝子情報取得ツールの進展があります。環境中から直接 DNA を抽出し，16S rRNA 遺伝子領域を網羅的に解析することで，どんな微生物がどのくらい存在するのかを簡単に調べられる時代になっています。その結果として，多種多様な微生物が DNA 配列では検出できるのに，培養されるのはごく一部だけ，という状況に気づくことができるのです。

手のひらサイズの次世代シーケンサーも大活躍！

◆ 第 10 章 ◆ 覗いてみようミクロな世界：海の極限環境微生物を科学する　　115

分離株コレクションが充実してきたら…

◎ケース 1：微生物の分布様式を調べる

　私は深海微生物の分布様式，すなわち"微生物地理"を調べることに興味を
持っている。簡単に言うと，どんなところにどんな微生物が生息するのかを明
らかにするとともに，どのような要因でその分布が決められたのかを探求する
研究である。動物で説明するとわかりやすい。たとえば，ジャイアントチュー
ブワームは，東太平洋海膨というエリアの熱水活動域にのみ生息し，日本近海
の熱水活動域で見られるのは別の種である。その分布様式は，幼生期における
分散によって決まるとされ，自身の持つ浮力や海流，海底地形の影響を受け
る。成体の遺伝学的特徴を調べ，同一の遺伝型を持つ個体がどこに分布してい
るかを明らかにすることで，分散可能な範囲を推定することができる。このよ
うな研究は"集団遺伝学（population genetics）"と呼ばれる分野に含まれる。
微生物の場合，サイズが小さく，環境適応能力が高いことから，"微生物はど
こへでも分散し，その分布は環境要因によって決定づけられる（everything is
everywhere; but the environment selects）"という仮説が古くからある。実際，
16S rRNA 遺伝子領域を対象に熱水孔に棲む微生物を調べると，世界各地から
ほぼ同一の配列が検出され，同種の微生物が世界中の熱水活動域に分布してい
るようにみえる。しかし，世界各地の熱水活動域から集めた分離株コレクショ
ンから同種レベルの微生物だけを選び，ゲノムワイドな解析をすると，大型生
物のような分布様式が見えてきたのである。微生物も熱水活動域のエリアに
よって異なる遺伝的特徴を持ち，その分布様式は，生息環境ではなく，生息地
間の距離によって決定づけられる傾向があることがわかってきた。すなわち，
近い距離に棲む微生物間では"遺伝子交流"（遺伝子のやりとり）があるため
遺伝的特徴は類似し，遠く離れた場所に棲む微生物間では遺伝子交流が起こり
にくく遺伝的な分化が進んでいる，という結果である。微生物の分離株を根気
強く集めて，これまでの仮説とは逆の説を唱えられたことに，私はとてもわく
わくしたのである。

◎ケース２：微生物の温室効果ガスの無害化能を調べる

　上のケースのような学術的な興味の研究は，「マニアックすぎてよくわからない」と言われることが多い。もっとわかりやすく熱水活動域に棲む微生物のインパクトを打ち出せて，かつ研究としても面白いものはないか，と頭を悩ませて考えた一つが，地球温暖化を食い止めるのに役立つ微生物の力を明らかにすることだ。先に述べたように，化学合成独立栄養微生物は CO_2 から有機物をつくるため，CO_2 を削減する能力がある微生物とも言える。さらに，私たちの研究室では，CO_2 の約 300 倍もの温室効果を持つ亜酸化窒素（N_2O）をも削減する能力を持つ微生物がいることを，分離株コレクションを使って明らかにしようと取り組んでいる。どんな仕組みで N_2O を消費するのかなど未解明な点は多く，実用化までは遠い道のりではある。しかし，PCR に使われる Taq ポリメラーゼが熱水噴出孔由来の微生物から発見されたように，深海底熱水活動域はまだまだ未開拓の生物資源の宝庫だと思っている。

海洋微生物と微生物生態学の魅力

　私は小さい頃から海や生き物が好きだったが，その興味となる対象は目に見えるものに限定されていた。大学生になって初めて顕微鏡を介して海を覗いたとき，海は想像を超える多くの微生物の生息環境であり，私の知らない世界であったことに衝撃を受けた。熱水活動域に棲む微生物を観察すると，鉱物の結晶の間を縫うように高速移動するものもいれば，のそのそ動くヤツもいて，そのとても可愛らしい姿に魅了された。彼らのことをもっと知りたくなった。どこから来たのだろう？ どのように多様化したのだろう？ 外的刺激へどんな応答をするのだろう？ そんな幅広い興味を受け入れてくれる学術分野が，微生物生態学であった。この分野は，微生物の分離培養や増殖生理，ゲノム科学，ホストと微生物の密接な相互作用，進化など，多岐にわたる研究をカバーする。面白いことを明らかにするためにさまざまな手法を組み合わせられる学術分野で，アイデア力のあるみなさんにはピッタリだと思う。本章が，海に棲む微生物の生態に想いを馳せる一つのきっかけになればこの上なく嬉しい。

第11章 海の遺伝子で薬をつくる?!

藤田 雅紀

水産なのに化学？

　フグを食べるとあたる，青魚を食べると体にいい，クラゲに刺されると痛い，コンブからダシがとれる，微細藻類で燃料がつくれる，カニを茹でると赤くなる，カイメンから薬ができる。みなさんよくご存じの水の生き物に関するお話です（カイメンの話は聞いたことがないかな？）。実はこれらはすべて水産化学の研究領域なんです。水産化学は文字どおり水産生物に含まれる化学物質に関する研究です。考えてみましょう。上に挙げたものはフグ毒のテトロドトキシン，魚介類の EPA や DHA などの高度不飽和脂肪酸，クラゲのタンパク毒，コンブのグルタミン酸ナトリウム，微細藻類の炭化水素，甲殻類が持つ赤色色素であるアスタキサンチン，クロイソカイメンの抗ガン物質など，すべて水の生き物が保有する化合物の機能・性質によるものです。厳しい生存競争を生き残ってきた生物が保有する物質に意味のないものなどありません。あったとしても，それはおそらくまだ人間が理解できていないだけです。すなわち水の生き物を捕まえてきて，不思議だな，面白いな，かわいいな，美味しいな，役に立つんじゃないかなと成分を調べれば，それが水産化学ということです。

海洋天然物化学の紹介

　私は"カイメンから薬ができる"に関連する研究をしています。まず，自己紹介を兼ねてこの分野を説明したいと思います。私は理学部化学科出身で，卒業研究のテーマは細菌が生産する抗腫瘍物質でした。4 年生になり卒業研究を

始めるとすぐにのめりこみ，研究室に泊まり込んで実験するようになっていました。そして大学院を考えるころに，水棲生物から薬を探索する海洋天然物化学という研究分野が存在することを知りました。子供の頃から水の生き物が好きで，海洋天然物化学であれば自分で海に潜って生物を捕まえてきて，いまと同じような研究ができる。なんと素晴らしい世界だ，というわけで，大学院から海洋天然物化学の世界に入ったのでした。

　やることは生薬学の海洋生物版といえばイメージしやすいでしょうか？　海に潜り，生きているもの（とくにカイメンや軟サンゴなどの底生無脊椎動物）を片っ端から捕まえて，アルコールに漬けて成分を抽出し，薬になりそうな化合物を探すという作業になります。なぜカイメンや軟サンゴなのかというと，動かず柔らかくて捕まえやすいから，というだけではなく，ほとんど身を守る術を持たない彼らが生存していくために毒を持っていることが多いからで，これを化学防御といいます。毒と薬は同じもので，健常な人に使えば毒，病態の人に使えば薬になります。実際に海の生き物から薬になったもの，なりそうなものがたくさん見つかっており，日本発の物質も少なくありません。天然物化学は日本のお家芸とも言われ，とくに海洋天然物は日本の研究者が世界をけん引してきたと言っても過言ではありません。

図 11.1　カイメンって，こんな生き物。これでも動物です。

◆ 第 11 章 ◆ 海の遺伝子で薬をつくる？！　　119

　このように素晴らしい海洋天然物化学ではあるのですが，まだ大きな課題も残っています。それは希少な野生の生物を抽出源とするため，実用化のための安定的かつ十分量の物質確保が難しいという点です。化学合成すればいい，と思う人もいるでしょう。しかし，複雑な化合物の大量合成は偉業の域の作業です。エビやホヤが養殖できるのだからカイメンも養殖できるでしょ，と思う人もいるかもしれません。しかし，マグロやウナギの完全養殖が大ニュースになるように，養殖技術は一朝一夕で確立できるものではありません。では，どうすればいいのでしょう？　このままでは新薬を開発するまでに原材料である生物資源を採り尽くしてしまいます。

　ここで一つの大きな発見がありました。カイメンは“細菌のマンション”と言えるほど，膨大な種と数の細菌が共生しています。実はカイメン由来の有用物質の多くは，それら共生細菌がつくっていることが明らかになったのです。すなわち，有用物質を生産する細菌をカイメンから取得し，実験室で培養できれば，有用物質の実用的な供給が可能になると期待されます。しかしながら，これにはもう一段階，大きなハードルが残っています。それは，これまで誰一人として，カイメンに共生する目的物質生産菌の取得と培養に成功していないということです。それどころか，実は環境中の 99 ％ の細菌はまだ人工環境では培養できていないと考えられています。この課題を克服する何か良い手はないか？　そう悩んでいたとき，とある雑誌の記事が目に留まりました。それは土壌中に存在する無数の細菌のゲノム DNA を土からダイレクトに抽出し利用する，環境 DNA（メタゲノムと言われることもあるが，おおよそ同義）研究というものでした。環境 DNA 技術を使えば，理論上は地球上に存在するすべての微生物遺伝資源を取得し利用可能になるわけです。私はこれを見て，同じ技術をカイメンや海洋環境サンプルに応用することで，海洋天然物化学が抱える化合物の供給という課題を解決できるのではないかと考えたのでした。

メタゲノム技術の習得へ

　私は研究の目標を“環境 DNA（以下，メタゲノム）技術を利用して，海洋

無脊椎動物や未培養の海洋細菌から遺伝子を取得し，有用物質の生産を行う”と定めました。しかし，化合物の精製と構造決定という有機化学ばかりやってきた私が，いきなり遺伝子の研究は無理です。しかもただの遺伝子ではなく，いまでこそ一般的になってきてはいますが，当時はほとんど誰もやっていなかったメタゲノム。そこで，きっかけとなった雑誌記事で知ったハーバード大学医学部の Jon Clardy 教授に，「あなたの研究に興味があるので技術習得のために博士研究員として受け入れてもらえないか？」と恐れ多くも直接メールで連絡しました。ほんの数分でメールが返ってきたので「送信に失敗したか？」と思ったら，なんと受け入れ快諾の返信！ というわけでアメリカへ行ったのですが，Jon としては私が持つ天然有機化合物の構造を決定する技術を必要としており，こちらは Jon が持つメタゲノム技術が必要であるという，お互いに win-win の関係だったのです。やはり，手に職を持つことは大切で，世界で通用する自信のある技術は必ず役に立つものです（私の場合は天然物の構造決定）。留学中はいろいろありましたが，良い指導者，良い仲間，良い環境に巡り合えた非常に素晴らしい経験でした。そして，メタゲノムを海洋生物に適用するための技術を習得して帰ってきたのでした。

海洋メタゲノム研究

必要な技術を手に入れた私が次にすべきことは

1. カイメンなどの海洋無脊椎動物，それに海水や海底堆積物などの海洋サンプルを採集する。
2. それらのなかに生息する無数の微生物からまとめてメタゲノム DNA を抽出し，それを培養が容易な大腸菌へ組み換える（メタゲノムライブラリ作成）。
3. 有用物質を生産するための遺伝子を組み換え大腸菌から探す（生合成遺伝子のスクリーニング）。
4. 生合成遺伝子を導入した組み換え大腸菌を培養し，有用物質を大量生産する。

なるほど，書き出してみるとすべてのステップにおいて基盤技術はすでに存在する．さっそく海へ行って生き物を捕まえようと意気揚々と研究を始めたわけですが，そう簡単にはいかないということがすぐに判明しました．以下，我々がどのような問題に直面し，如何にして解決していったか，苦労と喜びを順を追って説明していきます．

◎楽しいサンプル採集旅行

まずサンプル採集ですが，我々の研究のなかで最も楽しい時間であり，このために水産学部に来たと言っても過言ではありません．みんなで出かけて，ボートをチャーターし，世界の海でダイビングです．サンプル採集の一日は，朝からボートでポイントへ行き，潜水調査＆採集．ちなみに左手には洗濯ネット，右手にはキッチンバサミが潜水時の定番スタイルです（図11.2）．狩りのようなダイビングは，見てまわるだけのファンダイビングとはまた異なる高揚

図 11.2　潜水採集中の筆者．サンプルが重い．

感があります．採集後は船上でサンプルの仕分けと記録．カイメンや軟サンゴは何とも言えない独特の異臭がします．そして軍手をしていてもカイメンの毒で手が痛くなります．ただ，それが逆に期待を持たせます．港へ戻り，宿泊場所へ帰ると，だいたい夕方．その後は夜の街へ繰り出す，あるいは調理施設があるときはみんなで夕飯をつくり，飲んで食べる．とまあ，学生の合宿のようでもありますが，研究室を離れリフレッシュできる時間です．

このようにして日本各地はもちろん，パラオやインドネシアでのダイビン

グ，さらに研究船を用いて深海サンプルの採集などを行っています．サンプル採集は一人ではできません．多くの方々のご協力・ご支援のもと，多様な海洋サンプルを手に入れることができました．

◎力まかせのDNA調製

楽しいサンプル採集が終わると，研究室に戻ってメタゲノムDNAの調製です．いまでこそ，優れたDNA抽出キットが売られていますが，我々が研究を始めた頃は手探り状態で，土壌由来のメタゲノムとは異なる，海洋生物ならではの困難がたくさんありました（とくに粘液と分解しやすさ）．留学時代の仲間はメタゲノムDNAの調製を"超絶技巧"と言い，ある先生は"自動消滅装置"が付いていると言うほど，海洋メタゲノムDNAは分解しやすいのです．また，本来はDNAの色は真っ白であるべきなのですが，カラフルな南国の海洋生物から調製したDNAがやはりカラフルだった（つまり大量の不純物を含む）ときは途方にくれました（図11.3）．とにかく真っ白できれいなメタゲノムDNAを手に入れないと先へ進めません．

研究者は困難にどのように対処するかによって，いくつかの類型に分けられ

図11.3　南国のカイメン由来のカラフルなメタゲノムDNA！

ると思います。誰も考えつかなかったような妙案を思い付いてひらりと回避する人，非常に緻密かつ論理的な観察と実験により模範解答的に解決する人，そして物量とパワーで強引に突破する人。ちなみに私は基本的には物量パワー型です。良い方法など思いつきません。というわけで，分解覚悟の上で最初に採集するサンプル量を多くし，壊れて無くなってしまう前に不眠不休で作業し，真っ白になるまで繰り返し徹底的に精製するという安直かつ強引な方法で，とりあえず必要最小限のメタゲノム DNA を確保できるようにはなりました（さすがに多少の知恵も入っていますが企業秘密）。

◎アイデアが光った遺伝子探索

　なんとかメタゲノム DNA を入手したら，適当なサイズに断片化し，個々の断片を大腸菌へ導入します（これを遺伝子組み換えという）。こうしてできた遺伝子組み換え大腸菌の集合体をゲノムライブラリといい（図 11.4 左上），具体的にはシャーレの上に点々とある一つ一つのコロニー（大腸菌の塊）に，それぞれ異なるメタゲノム DNA 断片が入っている状態です。この一連の作業は既存の技術であり，簡単に数万〜数百万コロニーからなるライブラリを作成できます。さて次が問題です。どうやってこの膨大な数のコロニーのなかから，有用遺伝子が入っているものを探しましょう？　ここで我々が欲しいのは，医薬品候補にもなる生理活性物質をつくるための生合成遺伝子です。しかし，外観はすべてただの白い点々であり，コロニーの見た目ではわかりません。とりあえずは先行する土壌メタゲノムの研究で報告されていた，天然色素を生産するコロニーを探すことにしました。これならば，色がついたコロニーを見つければよいだけなので簡単です。そうすると，かなりの頻度で赤，青，黄色や蛍光色のコロニー，さらには暗いところで光っている発光コロニーが見つかりました（図 11.4 左下）。しかし，それら色素を生産する組み換え大腸菌の遺伝子を調べてみると，残念ながらすでに土壌メタゲノムで知られているものばかりで，海洋ならではの目新しさはありませんでした。

　何か新しい方法はないかと考えていたとき，たまたま参加していた海洋生物に関する学会で，海洋細菌が生産する鉄結合物質（シデロフォア類）に関する

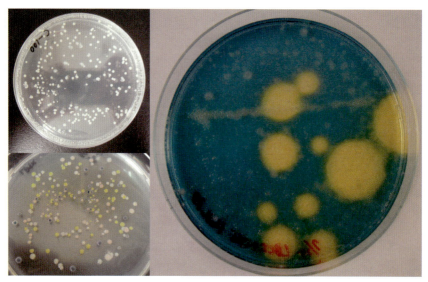

図 11.4 メタゲノムライブラリ（左上），色素生産コロニー（左下），シデロフォア生産コロニー（右）。黄色い円の中心にいるコロニーがシデロフォアを生産している。

講演がありました。そのなかで，鉄分が極度に不足している海洋において，細菌は必須栄養素である鉄を獲得するためにさまざまなシデロフォアを生産していること，そしてシデロフォアはシャーレ上で簡単に検出できることを知りました。シデロフォア類にはすでに医薬品として利用されているものもあり，またその多くは海洋細菌由来であるなど，今回のテーマにピッタリのものでした。

　研究室に戻り，さっそくやってみたところ，果たしてコロニーの周りにシデロフォアの存在を示す黄色い円ができています（図 11.4 右）！　まさかこれほど高頻度に，こんなにもはっきりと結果が出るとは思わず，最初は何かの間違いではと勘ぐったりもしましたが，繰り返しやってもはっきりと出る。半信半疑で黄色い円の中心にいる大腸菌の DNA を解析してみると，確かに海洋細菌に由来する生合成遺伝子が見つかりました。こうして，メタゲノムから，海洋生態系において重要であり，医薬品としても利用されるシデロフォア類の生合成遺伝子を取得し，さらには生物工学的に物質を生産・供給できることを示せた

のでした。

◎物質生産と化合物同定の思い出

　ここから先の実験は，長い歴史がある，化合物の単離と構造決定になるので，そうは難しくありません。しかも今回は生合成遺伝子の情報があり，生産される化合物の概要がわかること，さらに生合成遺伝子を大腸菌中で過剰に発現させているので，物質生産量も多くなるなど，単離構造決定のプロにかかれば実に容易な作業になります。

　こうして，これまでに複数のシデロフォア類を，海洋メタゲノム由来の生合成遺伝子を用いて生産することに成功しています。ところで，化学者は自らが携わった一つ一つの化合物に愛着を持っているものであり，それぞれに語りたい物語があるものです。ここから先は，海洋メタゲノムから生産に成功した化合物たちを思い出してみましょう（図 11.5）。

　有明海の干潟砂泥メタゲノムからはビブリオフェリンを生産できました（図 11.5 上）。これは私の知る限り，世界で最初の海洋由来メタゲノムからの生理活性物質の生産でした。ビブリオフェリンはビブリオ属の海洋細菌が生産することが知られていますが，その生産量はごくわずかです。これに対し，本実験では大腸菌内で生合成遺伝子を強制的に発現させるため，ビブリオ属細菌よりはるかに高い生産量を達成できました。生物が本来必要とする以上に生産させられるのは，遺伝子を用いた物質生産法の大きなメリットです。

　水深 150 m の海底堆積物メタゲノムからはビスカベリンや新規化合物であったアバロフェリンの生産に成功しました（図 11.5 中）。特筆すべきはその生合成遺伝子で，これまでに解析されたいずれの細菌とも異なるもので，メタゲノム法によって深海に潜む未解析の細菌から有用遺伝子を取得し，物質生産に応用できることを示しました。

　カイメン共生細菌のメタゲノムからはアグロバクチンを生産しています（図 11.5 下）。アグロバクチンは陸上細菌からは報告がありますが，海洋サンプルからは初めての例でした。また，その生産には 15 個もの遺伝子が関与する非常に複雑な構造です（ビブリオフェリンは 5 個，ビスカベリンは 4 個）。これ

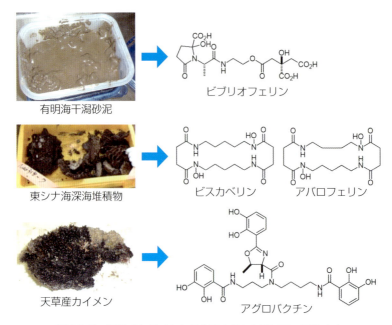

図 11.5 海洋メタゲノムから生産されたシデロフォアと由来

はいままでにメタゲノム法で取得し，物質生産に成功したものとしては最も大きい遺伝子群であり，メタゲノム法による有用遺伝子の取得と物質生産の可能性を大きく広げるものでした．

　一連の研究で，さまざまな海洋サンプルからメタゲノム DNA を取得し，そこから生合成遺伝子を見つけ，また実際に物質生産に応用できることを示しました．いまでは多くのタイプのシデロフォアを効率的に生産できるようになり，世界各国の研究者から化合物提供の依頼が届くようになっています．

　ここで示した研究は，"メタゲノム法により海洋無脊椎動物の共生細菌や海洋環境中の細菌から遺伝子を取得し，有用物質の生産を行う"という大目標のなかの本当に小さな最初の一歩であり，現在も世界中の多くの研究者がさまざまなアプローチで高い目標に向かって着実に前進しています．ここ数年は次世代 DNA シーケンサーと呼ばれる，DNA 解析というよりは生命現象全体のデジタルデータ化ともいえるような桁違いの解析力を持つ機械も普及してきてい

ます。ビッグデータサイエンスとも非常に相性の良い分野であり，今後の飛躍が期待されます。これからは物質を扱える化学者，遺伝子や細胞を扱える生物学者，ビッグデータを扱える情報科学者が力を合わせることで"水産化学"も発展していくと思います。期待していてください。

化合物の構造を決める！

　有機化合物の構造はどのように決めるのでしょうか？ まさか，顕微鏡で見えると思っている人はいないでしょうね？ 世界でまだ誰も見たことがない新規化合物の構造を決めるには，核磁気共鳴スペクトル，質量スペクトル，紫外・赤外吸収スペクトルなどのスペクトル解析が主な手段になります。スペクトル解析というと難しそう？ そのとおりで，実際に難しいんです。その内容は原子でできたパズルを解く推理ゲームのようなもの。さまざまなスペクトルデータを駆使して，その物質中に必ずあるパーツ，絶対にないパーツを一つずつ決めていき，無数の可能性のなかから最終的に一つの候補にまで絞り込んでいく作業です。すべてのスペクトルを矛盾なく説明でき，ただ一つの答えにたどり着いたときは爽快で，「犯人はお前だ！」という感じ。ロジカルにものを考えるのが好きな人なら，はまること間違いなしです。

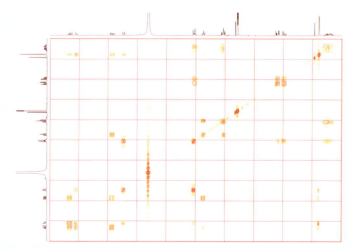

核磁気共鳴スペクトルの一例。点と点をつないでいくと化合物の構造がわかる。

■執筆者

第1章	三谷曜子	（みたに ようこ）	北海道大学北方生物圏フィールド科学センター
第2章	工藤秀明	（くどう ひであき）	北海道大学大学院水産科学研究院
第3章	清水宗敬	（しみず むねたか）	北海道大学大学院水産科学研究院
第4章	井尻成保	（いじり しげほ）	北海道大学大学院水産科学研究院
第5章	米山和良	（こめやま かずよし）	北海道大学大学院水産科学研究院
第6章	和田哲	（わだ さとし）	北海道大学大学院水産科学研究院
第7章	上野洋路	（うえの ひろみち）	北海道大学大学院水産科学研究院
第8章	野村大樹	（のむら だいき）	北海道大学大学院水産科学研究院
第9章	松野孝平	（まつの こうへい）	北海道大学大学院水産科学研究院
第10章	美野さやか	（みの さやか）	北海道大学大学院水産科学研究院
第11章	藤田雅紀	（ふじた まさき）	北海道大学大学院水産科学研究院

ISBN978-4-303-80001-7

北水ブックス

海をまるごとサイエンス ～水産科学の世界へようこそ～

2018年8月6日　初版発行　　　　　　　　　ⓒ2018

著　者　海に魅せられた北大の研究者たち　　検印省略
発行者　岡田節夫
発行所　海文堂出版株式会社
　　　　本社　東京都文京区水道 2-5-4（〒112-0005）
　　　　　　　電話 03（3815）3291（代）　FAX 03（3815）3953
　　　　　　　http://www.kaibundo.jp/
　　　　支社　神戸市中央区元町通 3-5-10（〒650-0022）
日本書籍出版協会会員・工学書協会会員・自然科学書協会会員

PRINTED IN JAPAN　　　　　　印刷　ディグ／製本　誠製本

JCOPY ＜（社）出版者著作権管理機構 委託出版物＞

本書の無断複写は著作権法上での例外を除き禁じられています。複写される場合は、そのつど事前に、（社）出版者著作権管理機構（電話 03-3513-6969、FAX 03-3513-6979、e-mail: info@jcopy.or.jp）の許諾を得てください。